KB206856

뇌과학의 마음 사전

뇌과학의 마음 사전

이상아 지음

내 마음 나도 모를 때, 뇌과학이 알려준 것들

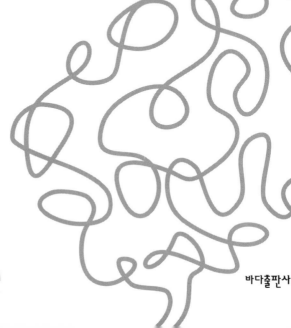

바다출판사

> "나는 단지 내 진정한 자아로부터
> 솟아오르는 충동에 따라 살고 싶었을 뿐이다.
> 그런데 왜 그것이 그렇게도 어려웠을까?"
> — 헤르만 헤세, 《데미안》

누구나 살면서 한 번쯤은 자신의 존재에 대해 깊이 고민한 적이 있을 것이다. 우리는 어디에서 왔고, 왜 이렇게 생겨 먹었으며, 우리의 마음은 어떻게 작동하는지, 죽음이 진정 모든 것의 끝이라면 우리는 어떻게 삶의 의미를 찾고 살아가야 하는지 질문한다. 나에게도 그런 순간이 있었다.

어릴 적 나는 또래 친구들과 어울리기 좋아하고, 음악을 좋아하는 평범한 아이였다. 그러나 사춘기에 접어들며 점차 불안정해졌고, 친구들과의 관계에서도 어려움을 느끼기 시작했다.

내 존재에 대해 처음 깊은 의문을 품은 것은 미국으로 이민을 가기 전, 가족과 함께 마지막으로 떠난 바닷가 여행에서였다. 그날 밤, 아빠와 평상에 누워 파도 소리와 별빛을 들으며 주고받았던 질문들. 저 별들은 무엇인지, 우리는 왜 여기에 있는지, 그 막막하고도 신비로운 공간에 대해 처음으로 생각하기 시작했다.

과학자로서의 첫발은 천문학이었다. 그러나 빅뱅과 양자역학을 배워가는 동안 인간의 이해에는 분명한 한계가 있음을 절감했다. 그러던 중 진화생물학과 인지과학cognitive science과 신경과학neuroscience을 만나면서, 나는 인간이라는 존재를 전혀 다른 시각으로 보기 시작했다. 우리는 단순히 특별한 존재가 아니라, 수십억 년 동안 지구의 환경에 적응하며 진화해 온 생명체 중 하나였다. 우리의 마음과 뇌 또한 생존과 적응의 산물이었다.

생명이란 본래 모자라고 불완전한 조건 속에서도 유지된다. 우리는 좌절하고 분노하면서도 다시 일어나 사랑하고 살아간다. 그것이 우리의 본능이다. 나는 뇌와 마음의 작동 방식을 연구하고 학생들을 가르치며, 인간 존재에 대한 작은 진실들을 발견해 나갔다.

그 과정에서 나는 진정한 '나'를 이해하기 위해서는 주관적 성찰만으로는 부족하다는 것을 깨달았다. 진짜 '나'는 의식 위에 존재하는 얕은 감정이나 기억이 아니라, 수억 년에 걸쳐 축적된 무의식적 뇌 기능들, 진화적 본능들, 그리고 환경과 경험이 만든 결과물이기 때문이다. 이책은 그렇게 '마음'이라는 현상을 과학적으로 탐구하려는 시도이다.

《뇌과학의 마음 사전》은 인지, 감정, 기억, 직관, 본능등 우리가 매일 마주하는 마음의 작동 원리를 하나하나풀어낸다. 마치 사전을 펼치듯, 마음을 이루는 다양한인지 메커니즘을 따라가다 보면, 우리는 알게 된다. 나를 혼란스럽게 만들었던 감정의 뿌리, 반복되는 선택의이유, 때로는 아무 이유 없이 밀려오는 불안의 정체를.

이 책은 다음 세 가지 목표를 가진다.

첫째, 우리가 의식하는 '나'라는 존재를 하나의 생명체로 이해하는 것이다.

우리의 뇌는 약 5억 년 동안 생존과 적응을 위해 다양한 기능을 축적해 왔다. 진화의 과정에 대한 이해 없이, 뇌의 작동 원리와 인간의 감정, 사고, 행동을 제대로 이해할 수는 없다.

둘째, 뇌에 대한 과학적 설명에 대한 두려움을 낮추는 것이다.

과학적 사실은 때때로 우리의 직관에 반하기 때문에 낯설고 어렵게 느껴진다. 그러나 이 책은 실생활에서 느끼고 관찰할 수 있는 현상들을 통해 뇌와 마음의 기본 원리를 쉽게 풀어내려 한다. 과학은 낯선 세계를 이해하는 가장 강력한 도구가 될 수 있다.

셋째, 옳고 그름, 잘남과 못남 같은 이분법적 기준에 대해 다시 생각해 보는 것이다.

우리를 이해한다는 것은 인간이라는 존재의 불완전성을 받아들이고, 우리가 가진 오류와 편향을 직시하는 과정이다. 이는 타인과 세상을 바라보는 우리의 관점을 더욱 넓고 깊게 만들어줄 것이다.

뇌를 아는 만큼 우리는 우리 자신을 더 깊이 이해할 수 있다. 그리고 이해는 새로운 시작이 된다. 자신을 탓하거나 포기하는 대신, 나와 타인을 더 깊이 품고, 더 나은 방향으로 변화할 수 있는 힘이 되어준다.

뇌 가소성이 말해주듯, 우리는 살아가는 동안 얼마든지 배우고 성장할 수 있다. 그리고 그렇게 나를 이해하고 확장해 나가는 과정 자체가 바로 '의미 있는 삶'의 시작일 것이다.

이 책이 여러분에게 작은 출발점이 되어주기를 바란다.

목차

01

인지

나는 몸인가, 마음인가?

"마음mind이란 무엇인가?"라는 질문은 인간이 수천 년 동안 붙잡고 있었던 가장 본질적인 화두다.

마음이란 어디에 있는 걸까? 정말 우리가 아는 '자신'은 신경 세포에서 일어나는 반응으로 설명 가능한 걸까? 우리가 의식적으로 경험하는 정신 세계는 물리적 한계를 갖는 몸과 아주 다르게 느껴진다. 물리적으로 구성된 우리의 팔과 다리는 한정된 공간 안에서만 움직일 수 있지만, 머릿속으로는 십 년 전의 경험을 영상처럼 떠올리기도 하고, 한 번도 가보지 않은 곳을 상상하며 시공간을 넘나든다.

400년 전 프랑스의 철학자 르네 데카르트René Descartes

는 이러한 관찰에 근거하여 몸과 마음이 분리된 실체라는 심신이원론mind-body dualism을 주장했다. 데카르트는 마음이 뇌를 통해 몸과 연결되고, 영혼이 '몸의 조종사'라고 생각했다.

철학에 대해 아무것도 모른다고 해도 우리는 모두 이러한 직감을 어느 정도 가지고 있다. 몸이 움직이지 않거나 몸으로 느끼지 못해도 마음(생각)으로 할 수 있기 때문이다. 이런 느낌에서 한발 더 나아가면, 몸은 죽어도 영혼은 남을 수 있다는 생각으로 이어질 수 있다. 이는 죽음에 대한 우리의 두려움과 합쳐져 수천, 수만 년간 우리에게 종교와 영혼에 대한 믿음으로 자리 잡았다.

하지만 이런 식으로 우리 마음을 스스로 들여다보고 직관을 믿는 것만으로는 절대 마음이 무엇인지 알 수 없다. 지구에 사는 우리가 아무리 깊은 자기 성찰을 한다고 해도 물체가 '아래로' 떨어지는 것이 아니라 지구라는 거대한 질량의 중심을 향해 가속된다는 중력의 원리를 깨달을 수 없는 것처럼 말이다. 우리 자신조차 둥근 지구에 발이 붙어서 지구 반대편 사람들과는 거꾸로 된 방향으로 서 있는데도 이를 전혀 느낄 수 없지 않은가.

몸과 마음의 관계에 대한 진실을 알려면 주관적인 자기 성찰이 아닌 객관적인 과학적 접근이 필요하다. 아무리 대단한 물리학 가설도 실험을 통해 검증할 수 없다면 추측에 불과하다. 마찬가지로 우리 직감이 아무리 그럴듯하더라도 실제 사실을 확인하려면 반복 가능하고 여러 사람이 관찰할 수 있는 객관적인 실험과 데이터가 필요하다.

검증할 수 없는 믿음만을 고집했다면, 우리는 우리 직관의 한계에 부딪혀 신화나 미신에 머물렀을 것이다. 하지만 우리는 옛날 사람과 달리 마음을 탐구할 수 있는 여러 도구를 손에 넣게 되었다. 몇백 년의 역사를 가진 물리학과 화학과는 다르게 인간의 뇌와 마음의 작동 원리에 대한 과학적 접근이 본격적으로 시작된 것은 불과 얼마 되지 않았다. 이제부터 시작이다.

마음과 뇌, 그 신비한 관계

심리와 인지에 있어서 뇌의 중요성은 과학적으로 의심할 여지가 없다. 아무리 심장이 뛰고 숨을 쉬고 있다고 해도 뇌의 반응이 없는 환자는 사망한 것이나 다름

없고, 뇌에 문제가 있으면 정신 건강과 인지 능력에도 문제가 생긴다는 것은 많은 사람이 알고 있다. 1만 년 전에도 이 사실을 알고 있었다는 증거가 있다.

기원전 5000년으로 추정되는 고대 유적에서 발견된 두개골에서는 종교 의식으로, 일부러 작은 구멍을 내서 뇌의 일부분을 손상시킨 천공 자국이 발견되었다. 기원전 4000년쯤에는 수메르인이 쓴 글에 양귀비의 정신적 효능이 적혀 있었고, 기원전 1700년에는 뇌 손상을 입은 환자의 사례를 기록해 놓은 글이 발견되었다. 또한 의학의 아버지 히포크라테스는 기원전 400년경에 다음과 같이 말했다.

…… 뇌, 그러니까 오직 뇌만이 우리의 슬픔, 고통, 비탄, 기쁨, 즐거움, 웃음, 농담을 일으킨다. 특히 우리는 뇌를 통해 보고 듣고 생각하며 아름다움과 추함, 좋은 것과 나쁜 것, 행복과 불쾌를 구분한다. …… 뇌가 온전해야만 인간은 올바르게 생각할 수 있다.

이렇듯 우리 인류는 아주 오래전부터 뇌가 손상된 사람과 동물을 관찰해 뇌와 마음의 직접적인 관계를 파악했다. 하지만 종교가 권력을 잡으면서 뇌와 정신 기능에 대한 연구를 포함해 많은 과학 연구를 억압했다. 이 때문에 중세 암흑시대Dark Ages에서 1600년대까지 뇌 연구에 대한 기록들이 거의 발견되지 않고 있다. 그 후 르네상스 시대에 들어서면서 인간의 본질에 대한 철학적 논의와 지구가 아닌 태양을 중심에 둔 우주론으로 유럽은 떠들썩했다. 이에 위협을 느낀 기득권 세력의 핍박에도 불구하고 과학의 발전을 막을 수 없었다.

1800년대에 들어서서 신경과학 연구가 진행되면서 뇌의 특정 부위의 기능, 움직임과 지각적 신호처리, 인지능력, 성격, 감정과 생물학적 개인차의 관계에 대해 대중이 관심을 가지기 시작했다. 미스터리로 남아 있던 인간의 마음을 과학적으로 접근할 수 있는 새로운 길이 열린 것이다. 이로 인해 정신 질환은 영혼의 병이 아닌 몸의 병이며, 생각과 마음을 일으키는 기능도 고장이 나면 고칠 수 있음을 깨닫게 되었다. 이렇게 서서히 몸과 마음은 분리된 것이 아니라 하나라는 견해가 자리 잡기 시작했다.

인지 혁명과 뇌인지과학의 탄생

인간의 뇌와 마음을 과학적으로 설명하는 일은 다른 어떤 일보다 힘들다고 해도 과장이 아니다. 정신의학과 심리학은 그 시작부터 아주 미흡했고 실수투성이였다. 몸과 마음이 하나라면 마음에도 병이 있을 것이다. 그 병을 치료하는 방법으로 지크문트 프로이트Sigmund Freud 의 정신분석학이 가장 유명했다.

1800년대 후반 오스트리아 정신과 의사였던 프로이트는 우리가 의식적으로 접근할 수 있는 마음이 빙산의 일각처럼 전체의 아주 작은 부분이라고 주장했다. 무의식적 요소가 우리의 감정과 심리 상태에 영향을 미친다는 사실을 강조했다는 점에서 큰 역할을 했지만, 프로이트의 이론들은 혈액형으로 보는 성격이나 타로 점처럼 과학적으로 검증할 수 없었다. 예를 들어, 나는 기억이 나지 않지만, 정신과 의사가 영유아기 때 겪었던 일로 인해 내가 공황장애panic disorder가 발생했다고 진단해도 그것이 사실인지 아닌지 밝힐 방법이 없다.

프로이트의 상담법은 우울증 치료에 매우 인기가 있었지만, 그 당시에도 생물학적 관점에서 심리학에 접근하는 과학자들의 반발이 어마어마했다. 특히 동물의 행동을 통해 학습과 기억을 연구하는 심리학자들은 심리학이 비과학적이라는 이미지를 바로 세우기 위해 마음 안을 들여다볼 수 없는 '블랙박스'로 가정하고 자극과 행동 그리고 학습만으로 인간의 행동을 설명했다. 이것은 심리학의 판을 완전히 뒤집어 놓았다. 이것이 행동주의behaviorism 심리학이다.

행동주의는 자극들 간의 연합association과 보상, 손실을 통한 강화 학습reinforcement learning*만으로 많은 동물의 행동(예를 들어, 탁구공을 서로 주고받는 비둘기의 행동)을 유도할 수 있었기에 그들은 학습을 통해 인간의 행동이 형성된다고 주장했다. 대표적인 행동주의자 존 B. 왓슨John B. Watson은 어떤 아이든 상관없이 학습만으로 의사나 법률가, 예술가, 대통령, 심지어 거지나 도둑으로 만들 수 있다고 주장하기도 했다.

현대 과학 이론을 구성하는 기본 지침으로 검약의 원리 혹은 단순성의 원리라 불리는 '오컴의 면도날Occam's razor'이 있다. 이 지침은 한 현상을 설명하는 두 개의 주장이 있다면, 간단한 쪽을 선택하라는 말이다. 그런 관

---

* 행동에 따른 주변 환경과의 상호작용에서 오는 보상을 최대화하는 학습 방식을 말한다.

점에서 보았을 때 단순한 이론을 바탕으로 사람의 반응을 예측하고 정량화할 수 있었던 행동주의 심리학은 과학으로 도약하는 데 아주 중요한 요소였다.

20세기 초 심리학을 주도했던 행동주의 심리학은 인간이 빈 서판tabula rasa처럼 어떠한 선천적 개념도 가지지 않고 태어난다는 철학적 관점을 표방했고 뇌 또한 특정 부위들의 조합이 특정 정보처리 기능들을 담고 있는 것이 아니라, 어떤 부위든 어느 기능을 가질 수 있다는 등위성equipotentiality 법칙*을 믿었다. 하지만 모든 뇌의 학습 조건은 균등하고, 보상으로 모든 행동을 유도하는 것이 가능하다는 주장에 한계가 조금씩 드러나기 시작했고, 빈 서판식 행동주의 해석은 뇌의 일부분만을 본 관점이라는 여러 과학적 증거가 계속해서 제시되었다. 다음의 상황을 살펴보자.

한 실험에서 목이 마른 쥐들에게 전등이 켜지는 동시에 물을 먹을 수 있게 했다. 어떤 쥐들에게는 방사선을 강하게 쬐어 통증을 느끼게 만들었고, 또 다른 쥐들에게는 발에 전기 충격을 주었다. 이 상황에서 쥐는 무엇

---

* 학습과 기억 연구에 기여한 미국의 심리학자이자 행동주의자 칼 스펜서 래슐리(Karl Spencer Lashley)가 주장한 심리학 이론으로, 뇌의 각 부분은 어떤 일이든 수행 가능하며 부위별로 기능이 특화되어 있지 않음을 뜻한다.

을 배웠을까? 어떤 자극으로 인해 몸이 아팠고, 어떤 자극이 감전을 유발했다고 추측할까?

행동주의 관점이 맞다면, 제시된 불빛과 물이라는 두 자극을 몸이 아픈 것과 전기 충격에 동일하게 연관시켜야 한다. 하지만 실제 결과는 달랐다. 몸이 아픈 경우, 쥐들은 더 이상 물을 섭취하지 않았지만, 불빛은 피하지 않았다. 이와 달리 전기 충격을 받은 경우, 쥐들은 불빛을 피했고 물은 계속 섭취하였다. 이 결과는 무엇을 의미하는 걸까? 이는 실험 전에는 방사선에 노출되거나 전기 충격을 받은 적이 없었음에도 쥐가 자극에 따라 해석을 다르게 한다는 말이다. 이런 실험 결과들은 이미 진화를 통해 결정된 환경과의 상호작용 방식이 존재한다는, 즉 학습에도 고유한 선천적 제약innate constraints이 있다는 점을 명확하게 보여준다.

실제로 학습과 경험이 마음과 행동에 강한 영향을 미치고, 신경 세포들의 구조와 연결성도 이 학습과 경험을 통해 조금씩 달라지는데, 이런 현상을 뇌 가소성neuroplasticity이라고 한다. 이는 발달 과정에서 일어나는 뇌의 변화와 정상적인 성숙 과정을 포함하며, 대뇌피질cerebral cortex에서 가장 흔히 발현되는데, 성인이 된 후 학습을 하거나 뇌가 손상된 상태에서도 나타난다.

모든 사람이 똑같은 환경에서 태어나기 어렵기 때문에 특정 환경에서 성공적인 행동의 결과를 학습하고 다음에도 그대로 행동을 반복하는 강화 학습은 필수적이다. 또한 변화가 잦은 환경에 놓인 경우에는 새로운 실패와 성공의 경험을 통해서 점진적으로 행동을 바꾸는 것도 중요하다.

종種과, 환경에 따라 우리의 뇌에는 이미 정해진 대로 작동하는 기능도 있고 학습으로 형성되는 기능도 있다. 예를 들어, 멀리 이동하지 않고 유칼립투스 잎만 먹는 코알라와 달리 이동이 많은 잡식 동물들의 경우, 일상생활에서 변수가 많기 때문에 훨씬 빠르게 적응하고 변화하는 행동이 필요하다.

내가 연구하고 있는 공간 인지와 기억 분야에서는 1940년대부터 보상과는 무관하게 쥐가 주변 공간을 잠재 학습latent learning하고 공간을 도표화mapping하여 목표(먹이)가 주어졌을 때 스스로 학습한 미로 속에서 지름길까지 계산할 수 있다는 실험 결과가 보고되었다. 보상과 강화 학습 없이도 단일 사건을 기억하고 새로운 행동까지 계산할 수 있다는 것이다.

동물들이 머릿속에 인지 지도cognitive map를 그린다는 미국 심리학자 에드워드 톨먼Edward Tolman의 이론은 마음이 안을 들여다볼 수 없는 블랙박스가 아니라 체계적인 인지 기능들로 이루어진 정보처리 시스템임을 보여주었다. 이후 동물과 인간은 단지 학습 기능만이 아닌 유리한 행동을 가능하게 하는 여러 인지 기능으로 이뤄졌다는 새로운 이론들이 제안되면서 심리학의 '인지 혁명'으로 이어졌다. 그렇게 '인지과학'이 탄생했다.

1970년대 미국계 영국인 신경과학자이자 심리학자인 존 오키프John O'Keefe는 해마hippocampus라는 뇌 영역의 세포들이 이런 인지 기능을 가능하게 한다는 것을 보여주고 그 공로를 인정받아 2014년 노벨 생리학의학상을 수상하였다. 인간에게 해마란 매일의 '일화 기억episodic memory'을 공간 정보를 바탕으로 형성하고 생생하게 기억할 수 있게 해준다.

1950년대에 해마를 제거한 핸리 몰래슨Henry Molaison 환자의 경우, 일화 기억 능력은 수십 년이 지나도 돌아오지 않았고, 어떤 학습을 해도 잃어버린 해마 기능을 되살릴 수 없었다.[1] 즉, 모든 정보는 똑같이 처리되는 것이 아니며, 모든 뇌 기능도 학습으로 대체되지 않는다.

마음은 진화한다

우리 마음이 빈 서판도, 블랙박스도 아니라면 무엇이고 어디서 왔다는 말인가? 마음을 이해하려면 뇌의 작동을 이해해야 한다. 인공지능 분야를 개척한 미국의 인지과학자 마빈 민스키Marvin Minsky는 "마음은 뇌가 하는 일이다The mind is what the brain does"라는 유명한 말을 남겼다. 그는 마음, 즉 뇌의 기능이 몇억 년간의 진화 과정에서 선택된 수천 개의 정교한 메커니즘으로 이루어졌다는 사실이 인공지능을 만드는 데 아주 중요하다고 했다. 이는 1859년《종의 기원》에서 다윈이 소개했던 원리, 진화와 공통조상이라는 원리를 통해서만 우리의 지능을 설명할 수 있음을 의미한다.

다른 신체 부위와 마찬가지로 뇌 또한 유전적 변이 mutation와 자연선택으로 인해 여러 종류의 기능을 가지게 되었다. 실제로 우리가 가지고 있는 1000억 개 정도의 신경 세포는 5억 년 전부터 진화했다. 이런 추론이 가능한 이유는 5억 년 전부터 존재했던 (우리와 공통조상을 갖는) 해파리가 우리와 동일한 신경 세포를 가지고 있기 때문이다. 오래전에 진화한 뇌세포는 생존과 번식에 유리한 특성을 가지고 있었기에 다음 세대로 전해졌고, 시간이 지나면서 개체군을 통해 더 널리 퍼졌을 것이다.

다윈은 인간의 인지 능력이 다른 포유류보다 우월할 수 있었던 건 본질적 차이가 아니라 '정도의 차이'라고 말했는데, 이는 뇌의 진화 관점에서 보면 너무나도 당연한 이야기다. 이러한 과학적 이해가 가능했던 배경에는 뇌 자체를 연구하는 19세기 과학자들의 공이 컸다.

1600년대 후반 현미경이 발명되면서 생물에 대한 기계적인 설명이 본격적으로 시작됐다. 근대 뇌과학의 아버지라고 불리는 스페인의 신경조직학자인 산티아고 라몬 이 카할Santiago Ramon y Cajal과 같은 해부학자들은 여러 종의 뇌 조직을 관찰하고 뇌세포들 간의 구조적, 기능적 네트워크에 대한 통찰을 얻었다. 헤르만 폰 헬름홀츠Hermann von Helmholtz와 같은 생리학자들은 동물과 인간의 공통적인 신경 세포들 간의 신호전달 기능을 밝히며, 그때까지 눈으로 보고 질량을 잴 수 없었던 뇌 메커니즘에 대한 발견을 가능케 했다.

생물학자 니콜라스 틴베르헌Nikolaas Tinbergen은 동물의 행동을 설명할 때, 그 이유를 진화적 역사, 환경에 대한 적응, 발달과 학습, 그리고 행동의 직접적인 동기라는 네 가지 관점으로 나누어 생각해야 한다고 제안했다.

과학이 발달하기 전에 사람들은 대부분 육체와 분리된 영혼이 있다고 믿었고, 유일하게 영혼을 가지고 있는 인간만이 슬픔, 사랑, 고마움과 같은 여러 감정을 느낄 수 있으며 기억, 학습, 주의attention와 같은 인지 기능을 갖는다고 생각했다. 하지만 정신 현상은 진화적으로 유리했기 때문에 공통조상을 통해 유전된 형질이고, 인간이라는 특별한 종에만 존재하는 것이 아니라는 것이 더 분명해지고 있다.

왜 우리는 마음을 이해하기 어려운가?

우리의 정신 기능에 대한 새로운 과학적 사실이 매일 발견되고 있지만, 많은 사람들 사이에서 뇌와 마음의 관계는 여전히 의견이 분분하다.

몇 년 전 지각과 기억의 진화에 대한 강연을 하고 나오는 길에 다른 기초과학 분야의 한 교수님이 나에게 물었다.

"아까 마음에 대해 연구한다고 말씀하셨는데, 강의 중에 마음에 대한 이야기는 왜 하나도 안 하셨나요?."

나는 마음인가, 몸인가? 우리는 늘 그 경계에서 자신의 존재를 묻는다.

나는 "아, 제가 말씀드린 내용이 모두 마음, 그러니까 뇌 기능과 인지에 대한 것입니다"라고 말하고 한동안 매우 혼란스러웠다. 또 다른 공학 분야 교수 한 분은 "마음이 정말 머리에서 나올까요?"라고 하고서 가슴에 손을 얹고 "저는 마음이 여기서 나오는 것 같은데요"라고 말했다.

그 대화들은 대학원에서 공부하던 시절, 다른 분야를 전공하고 있던 친구들이 "정말 원숭이에서 우리가 진화했어?"라고 진지하게 물어봤던 이전의 기억을 떠올리게 했다. 시간이 흘러 과학적 사실이 밝혀졌음에도 사람들의 인식은 바뀌지 않은 것일까? 뇌과학자로서 책임감을 느끼게 되는 순간이었다.

요즘 많은 사람들이 의식consciousness에 관심이 많다. DNA의 구조를 밝혀 노벨 생리학의학상을 수상한 영국의 생물학자 프랜시스 크릭Francis Crick처럼 여러 분야의 뛰어난 과학자들이 '노년기의 뇌'에 관심을 가지고 의식 연구에 뛰어드는 경우가 많다.

한 공과대학교 교수는 나에게 의식에 대해 어떻게 생각하냐고 물었다. 자신이 생각하기엔 의식을 통해 감각sensation은 바꿀 수 없지만, 지각perception은 바꿀 수 있기 때문에 의식은 감각과 지각 사이에 있는 것 같다고 말했다. 하지만 나는 뇌과학자로서 그 말에 동의할 수 없었다.

우리의 주의와 지각을 의지대로 바꿀 수 있는지, 아니면 신경계에서 일어나는 여러 과정들을 통해 바뀐 주의와 지각을 의식하는 것인지는 모두 불분명하다. 자신이 관찰하는 '나'라는 느낌만으로 의식이라는 현상에 대해 이야기할 수 없고, 의식이 정확하게 무엇인지, 어떻게 정의하는지에 따라 모든 해석이 바뀔 수 있어서 아직 더 많은 연구가 필요하다.

마음이란 무엇이기에 과학자들조차 이렇게 오해를 많이 하는 걸까? 여기에 세 가지 이유를 들 수 있다. 첫째, 앞서 말했듯이 우리 모두는 자신의 마음 일부를 관찰할 수 있기 때문에 마음의 실체에 대해 오해하기 쉽다. 우리는 자신의 마음에 접근할 수 있는 특별한 위치에 있다. 타인의 마음은 외부로 나타나는 행동으로 분석할 수밖에 없지만, 자신의 마음에서 의식적으로 나타나는 부분은 직접적으로 알 수 있다. 아니, "알 수 있다고 느낀다"라고 하는 것이 더 정확할 것이다. 자신의 마음에 대해서 자신이 가장 정확하게 알고 있다고 생각할 수밖에 없는 상황에 놓여 있기 때문이다. 하지만 주관적인 경험에서 얻는 확신에는 함정이 있을 수 있다.

예를 들어, 극한 감정을 느낄 때 아드레날린adrenaline 과 같은 호르몬이 배출되며 맥박이 빨라진다. 하지만 맥박이 심리적 현상의 원인인지, 아니면 어떤 현상의 결과인지 구분하기 어려운 경우도 있다. 우리는 마음에 드는 사람을 만났을 때 심장이 빨리 뛴다고 생각하지만, 사람들에게 실제 맥박보다 빠른 소리를 들려주면, 그때 보고 있는 사람에게 더 호감을 느끼기도 한다는 사실이 오래전부터 알려졌고, 그 후로도 동일한 결과를 가진 연구들이 많이 나왔다.[2]

왜 그 상대에게 호감을 느끼는지 그 이유를 물으면 맥박은 전혀 인식하지 못한 채 "인상이 좋아서" 또는 "눈이 예뻐서"라며 자신이 한 선택에 대한 이유를 만들어낸다. 이는 마음이 맥박을 결정하는 게 아니라 맥박이 마음을 결정할 수 있음을 보여준다.

이뿐만 아니라 선택을 하기 전에 뇌파를 분석해 보면 우리의 결정을 예측할 수 있다는 미국의 신경과학자 벤자민 리벳Benjamin Libet의 연구 결과도[3] 있다. 또한 단어나 그림을 학습하고 있는 동안 뇌 신호를 분석하면 나중에 어떤 자극들을 기억하고 잊어버릴지도 어느 정도 예측할 수 있다는[4] 사실은 우리가 우리의 생각과 행동에 대한 자유의지가 있는지에 의문이 들게 한다.[5] 이처럼 우리 뇌는 무수한 정보처리 과정을 모두 자각하지 못한다. 이런 우리가 우리 자신을 제대로 잘 파악하고 있다고 볼 수 있을까?

마음을 혼동하는 두 번째 이유는 인간 마음이 특별하다고 보는 인간 중심주의를 들 수 있다. 사람들은 뇌가 진화한 것이라는 주장은 상대적으로 쉽게 받아들이면서도 자신의 마음과 생각, 감정과 가치관이 진화했다는 것에 대해서는 조금 다르게 반응한다.

인간이 유전적으로나 신체적으로 다른 동물들과 아무리 비슷하다고 해도 세상을 통제하는 능력을 보면 우리 뇌의 인지 능력이 뛰어나다는 점을 알 수 있다. 이런 이유로 동물 연구에서 밝혀지는 과학적 사실들을 인간에게 얼마나 적용할 수 있는지를 두고 사람마다 견해가 다르다. 뇌과학뿐 아니라 의과학, 생명공학 등 여러 분야에서 나타나는 문제다. 현재 동물 연구만으로는 인간의 뇌와 마음에 대해 사람들을 충분히 이해시킬 수 없지만, 인간의 뇌인지과학 연구가 늘어나면 자연스럽게 해결될 수 있을 것이라고 생각한다.

마지막으로 세 번째는 우리의 직관intuition 때문이다. 인지 발달을 연구하는 과학자는 여러 실험을 통해 인간이 물체나 생물체에 대한 직관을 가지고 태어나며, 경험과 주변 사람들에게서 얻는 지식을 통해 세상을 이해하는 직관적 이론을 형성하게 된다는 것을 발견했다.[6] 예를 들어, 사람들은 대부분 물체에 대한 직관적 이론을 바탕으로 열 전달을 잘못 이해하고 있다. 열이 마치 물질인 것처럼 온기가 빠져나가지 않게 막으려 한다.

또한 따뜻한 목욕 가운과 차가운 타일 바닥의 온도 차이를 그 물체가 자체적으로 가지고 있는 열의 차이라고 느낀다. 두 물질의 온도가 같고, 단지 우리 피부와의 상호작용에서 발생하는 열 전달 방식이 다를 뿐이라는 사실은 비직관적이기 때문이다. 우리가 가진 직관은 과학적 원리나 적확성보다는 주관적 유용성을 위해 만들어진 것이기 때문에 직관이 세상을 올바르게 인식하는 데 방해가 되기도 한다고 말한다.

실제 사람들의 오인과 편견은 우리 종 특유의 교만에서 오는 것이 아니다. 인간은 본능적으로 신생아 때부터 생물과 무생물을 구분하고, 타인이 무엇을 원하고 필요한지에 대한 정보에 주의를 기울인다. 우리는 사회적 동물이기에 우리가 마주하는 사람들의 마음, 생각, 의도 등을 파악하는 것이 중요하다. 하지만 우리 대부분은 마음이라는 현상 자체가 종 단위에서 어떻게 생겨났는지에 대해 생각해 보지 않는다. 아마 마음이 한 사람의 것이며, 그 개인을 정의한다고 생각하는 우리의 직관 때문일 것이다.

우리의 마음, 즉 우리가 가지고 있는 인지, 사고, 감정 및 모든 정신적 현상들은 수많은 세대를 거쳐 자연선택의 결과로 진화했으며, 이 마음을 구성하는 인지 기능이 어떤 생물학적 이점을 갖는지 이해하기 어려울 수밖에 없다.

우리는 역사상 처음으로 마음의 생물학적 기전, 발달과 노화, 질환과 유전 변이, 학습과 기능 향상 등 여러 주제에 대해 지금까지의 모든 미신과 추측에서 벗어나 진정한 뇌인지과학을 통해 연구를 수행할 수 있는 중요한 기점에 서 있다. 이제 목숨을 바치면서까지 사랑하는 사람을 지키는 행동, 충족되지 않는 돈과 명예에 대한 갈망, 그리고 유전자가 매우 비슷함에도 불구하고 사람들 간 개인차가 생기는 이유를 과학적으로 연구할 수 있게 된 것이다.

02

감정

내 마음이 그렇게 느끼는 이유

우리는 매일 여러 감정을 느끼며 살아가지만, 그렇다고 해서 우리 자신의 감정을 잘 이해하고 있는 것은 아니다. 그 이유는 그 감정이 무엇인지, 또는 무엇 때문에 그 감정이 비롯되었는지보다 감정이 주는 느낌에만 중점을 두기 때문일 것이다.

장면1

카페에서 주문한 음료와 다른 음료가 나오자 당당하게 지적하는 사람, 미안해하며 다시 만들어줄 수 있냐고 부탁하는 사람, 그리고 음식이 잘못 나왔다고 이야기할까 말까 고민하다 불편한 상황을 만들기 싫어 잘못 나온 음식을 그냥 먹는 사람.

처음 페이스북과 같은 소셜미디어가 나왔을 때만 해도 많은 사람이 다양한 경험과 감정을 공유했다. 하지만 언젠가부터 사람들의 피드는 가장 멋지고 행복한 순간만을 담은 사진으로 가득해지기 시작했다. 휴대폰 카메라 기능과 보정 기능들은 사진 속 우리들의 일상, 우리가 먹는 음식, 우리 자신의 모습까지도 현실보다 훨씬 더 행복해 보이고, 더 맛있어 보이고, 더 근사하게 만들었다.

감정이 늘 좋을 수만은 없는 일인데, 우리 사회는 긍정적인 감정, 완벽한 모습만을 좇고 있는 것처럼 보인다. 소셜미디어가 원인이라고만은 할 수 없다. 사회적 트렌드를 반영한 것일지도 모른다. 이런 환경에서 성장한 세대는 더욱 그렇다. 앞서 언급한 장면에서처럼 많은 사람들이 다른 사람에게 자신의 부정적인 감정을 잘 표현하지 못하는 경우가 많다. 한마디로 너무 여리다.

장면2
카페에서 테이블 건너편에 앉아 있는 누군가에게 고래고래 소리를 지르며 화를 내는 한 사람. 일행이 그에게 진정하라고 말하니 오히려 더 화를 낸다. 카페에 있던 사람들은 그 사람을 보며 자기들끼리 수근거린다.

우리는 보통 이런 사람을 지나치게 '감정적'이라고 묘사하고 본능적인 또는 동물적인 감정 반응을 '이성적'으로 통제하는 능력이 부족하다고 평가한다. 아마 이런 선입견은 감정적 반응이 순간적으로 빠르게 일어난 뒤 느리고 차가운 이성이 뒤따른다고 생각하기 때문일 것이다. 확실히 이런 관점에서 감정은 이성과 대척을 이룬다.

하지만 주의해야 할 점은 앞서 살펴본 것처럼 우리의 직관적 판단이 종종 오류를 범한다는 것이다. 당연히 공공장소에서 화를 내는 것은 다른 사람들을 불쾌하게 할 수 있는 일이지만 사실 살다 보면 정말 억울하고 분노하는 상황이 있을 수 있다. 자신의 감정적 반응은 본인이 겪는 상황에 원인이 있다고 생각되지만 다른 사람이 감정을 호소하는 행동은 그 사람이 감정을 잘 조절하지 못해 생기는 것이라고 생각하는 편향이 있다.[7]

위의 두 예시는 우리가 감정에 대해 얼마나 좁은 시각을 가지고 있는지 잘 보여준다. 우리는 늘 긍정적인 감정만을 가지고 살 수 없다. 또한 감정은 인지와 독립

적이지 않으며, 늘 비합리적인 것도 아니다. 우리가 이런 감정에 대한 선입견을 넘어 우리 삶을 풍부하게 경험하고 받아들이기 위해서는 감정에 대한 이해가 필요하다.

감정의 기원

우리가 감정이라고 부르는 반응의 가장 기본적인 시작은 어떤 개체에 주어지는, 이롭거나 해로운 자극에 대해 접근 반응approach response과 회피 반응avoidance response을 일으키는 신호라고 할 수 있는데, 이는 단세포 생물의 행동에서도 나타나는 패턴이다. 예를 들어, 바다에 사는 광합성 생물들은 햇빛이 물속으로 들어오면 빛을 향해 수면으로 올라간다.

반면 그렇지 않은 대부분의 해양 생물은 세포를 손상시킬 수 있는 강한 자외선을 피해서 물 밑으로 내려간다. 이렇듯 이롭고 해로운 자극들을 감지하고 신호 강도를 통해 생물의 행동을 조절하는 반응은 접근 반응과 회피 반응이 진화한 결과라고 할 수 있다.

그렇다면 이보다 복잡한 생물에서 나타나는 기초 감

정은 어떤 역할을 했을까? 선택할 수 있는 능력을 가진 생명체에서 감정은 반사적인 반응과는 조금 다른 기능을 수행한다. 예를 들어, 배가 고픈 나의 반려견 핀이가 밥그릇 쪽으로 가는 도중, 비슷한 거리의 다른 방향에 누나 애니의 밥그릇이 시야에 들어왔다고 가정해 보자. 어느 그릇에 밥이 더 많이 있는지뿐만 아니라 위치, 주변 상황, 방해물 등을 고려하여 둘 중 하나를 빠르게 선택해야만 한다. 도중에 우물쭈물하다가는 둘 다 애니가 먹어버릴 수 있다.

만약에 애니의 그릇에 맛있는 밥이 가득 있지만 바로 옆에 애니가 앉아 있는 경우에는 어떨까? 무작정 누나의 밥그릇에 접근하면 안 된다. 오히려 물리거나 쫓겨 자기 밥그릇에 있는 밥조차 못 먹게 될지도 모르기 때문이다. 이런 경우 어떤 기능들이 있어야 더 적절한 행동을 할 수 있을까?

여기서 선택지를 놓고 좋고 나쁨을 산술적으로 계산해 행동하는 건 그리 기능적이지 않을 것이다. 예를 들어, 다른 포식자에 대한 '두려움'보다 먹이에 대한 '욕구'가 더 커서 곧장 먹이로 향한다면 파국을 맞이할 가능성이 크다. 그 상대가 같은 먹잇감을 노리고 있는지, 상대가 자신과 같은 무리에 속한 친구인지, 적인지를

일상에서 느끼는 수많은 감정들을 느끼지만, 그것이 왜 오는지 우리는 정확히 알지 못하고 지나칠 때가 많다.

고려해 선택해야 한다.

감정이란 기본적으로 중요한 정보가 감지되었을 때 개체의 행동을 적응적adaptive으로 달라지게 하여 일종의 상태 변화를 일으킨다고 볼 수 있다. 위험한 포식자를 만나 두려움을 느낀 개체에게는 아무리 배가 고파도 과감한 행동을 하지 않아야 한다. 한동안 주의를 기울이며 먹이를 찾아다니거나 아예 안전한 곳으로 자리를 피해 '두려움'이 줄어들 때까지 기다리는 게 유리하다.

이런 측면에서 우리에게 긍정적인 정보보다 부정적인 정보에 더 강하게 반응하거나 주의를 기울이는 '부정성 편향negativity bias'도 일단 해로운 건 피하고 보는 게 중요했기 때문에 등장했을 것이다. 하지만 경쟁자가 자신보다 힘이 세거나 공격적이지 않다고 느껴지거나 어린 새끼들을 먹여야 하는 상황에 처했다면 생존을 위해 '용기'를 내봐야 하지 않을까?

이처럼 복합적 환경에서 감정은 특정 맥락에서 무엇이 중요한지를 알려주기 때문에 생명체의 학습과 행동 패턴을 바꾸는 데 유용하다.

부정적 감정은 주의 집중을 강화한다

여러 감정을 잘 이해하기 위해서 우리는 감정이 가져오는 정보와 행동의 변화를 잘 관찰해야 한다. 감정의 메커니즘 중 하나인 투쟁 혹은 도피 반응fight or flight response은 교과서에서도 자주 나오는 대표적인 감정 반응으로, 위험한 상황에서 흥분 또는 긴장 상태를 유지하며 행동을 빠르게 만든다. 하지만 이 반응은 사실 순간적인 행동뿐만 아니라 그 이후에 지속되는 인지 과정에도 큰 변화를 일으킨다.

감정과 주의 집중 사이에는 계속 상호작용이 일어난다. 일상생활에서 사람들은 계속해서 많은 자극을 마주하기 때문에 그 정보를 모두 동시에 처리하고 저장하는 것은 불가능하다. 이런 이유로 우리 뇌에는 선택적으로 정보를 처리하는 '주의'라는 기능이 있다. 우리는 생존에 중요한 정보일수록 빠른 속도로 파악하고 정확하게 반응해야 한다. 이를 위해서 선천적이든 후천적이든 우리 뇌는 상황을 감지하고 감정을 일으켜 순간적인 상황에서도 적절한 대처가 가능하도록 행동에 신호를 준다.

우리 연구실에서 이와 관련하여 한 실험을 진행했는데, 무서운 사진을 제시했을 때 강하게 반응하는 사람들이 그 후 집중력 과제에서도 빠르게 반응한다는 것을 알 수 있었다. 이런 변화들은 뇌파 검사electroencephalo-gram, EEG나 교감 신경계 신호(피부 전도도, 동공 크기 등) 변화로 측정할 수 있다. 단 몇십 밀리초millisecond 동안 제시된 사진만으로도 사람들의 주의를 빼앗을 수 있으며, 이런 효과는 부정적인 자극의 경우 훨씬 더 강하게 부각된다.[8]

여기에서 흥미로운 것은 자신도 모르는 사이에 감정에 따라 인지 과정이 달라진다는 점이다. 정서적 자극이 부정적인지, 또는 긍정적인지 그리고 그 자극들이 얼마나 그 사람에게 강하게 느껴졌는지에 따라 인지 능력에 미치는 개인적 양상이 다르게 나타난다. 이 말은 우리가 위협적인 물체를 감지하면, 개인의 성향과 상황에 따라 긴장 상태와 높은 주의력으로 전환되고 이후 상황이 종료되더라도 뇌는 한동안 주변 정보를 신속하게 처리하며, 비슷한 상황이 발생했을 때 과거 경험을 일반화하여 빠르게 반응할 수 있도록 한다.

이렇듯 감정적 흥분을 통해 우리의 인지 기능을 향상하고 효율적으로 행동할 수 있다면, 중요한 순간에 적절한 스트레스가 나쁘다고만 말할 수 있을까?

03 본능

내 안에 천사와 악마는 없다

선과 악이라는 개념은 어떻게 생겨난 걸까? 많은 사람이 절대적인 선과 악이 있다고 믿는다. 역사적으로도 그랬지만 지금도 사람들은 인간이 본래 선하게 태어나는지, 악하게 태어나는지에 대해 궁금증을 갖는다. 하지만 여기에 우리가 간과한 게 있다. 우리는 마치 선과 악이 개인의 특성인 것처럼 타인을 좋은 사람과 나쁜 사람으로 나누지만, 문제의 핵심으로 들어가 보면 선과 악이란 절대적인 것이 아니라 사회적 관계에 대한 우리의 무의식적 계산에 근거한다는 점을 알 수 있다.

우리가 각각 다른 우주적 차원에 존재하고 있어 어떤 상호작용도 할 수 없다고 상상해 보자. 나의 행동이

타인(혹은 동물)에게 아무런 영향도 미칠 수 없다면, 선과 악이란 개념이 존재할 수 있을까? 누군가 세상에 혼자 존재한다면, 자신에게 이로운 것이 옳고, 해로운 것이 그르다고 여겨질 뿐, 선과 악이란 아무 의미 없다. 내가 좋은 사람인지는 상대에 의해 정해지고, 상대가 좋은 사람인지는 나에 의해 정해진다.

우리는 다른 사람들을 위해 물질, 시간, 노력, 생명 등 자신의 것을 내주는 사람을 "선하다"라고 하고, 다른 이들에게서 일방적으로 이익을 보려고 하는 사람을 "악하다"라고 한다. 하지만 선한 사람(혹은 동물)이 계속해서 손해를 본다면, 그의 생존과 번식의 확률이 떨어져 결국 착한 종은 멸종할 것이다. 그렇다면 어떻게 선함은 자연선택에서 배제되지 않고 진화했을까? 타인에 대한 친사회적 행동 또한 이기적인 것으로 결국에는 자신을 위한 수단인 것일까? 이 문제를 이해하려면 먼저 우리가 가지고 있는 친사회적 본능에 대해 살펴볼 필요가 있다.

친사회적 본능의 진화

우리에게는 친사회적 본능이 있다. 이러한 본능은 인간만이 아니라 여러 동물에서 관찰된다. 미어캣이나 양처럼 사회적 동물들은 때때로 무리 속에서 서로 가까이 붙어 있다. 나의 반려견 핀이와 애니도 성견이 된 후에 가족이 되었지만, 둘은 자주 서로에게 기대어 잠을 잤다. 그뿐만 아니라 애니는 자신보다 몸집이 작은 핀이에게 힘자랑을 하는가 하면, 음식을 양보하거나 핀이가 아플 때 염려하는 듯 핀이 주변을 맴돌기도 했다.

사회적인 동물은 무리를 지어 살며 함께 사냥하고, 서로의 새끼들을 돌봐주면서 위험한 상황에서 서로를 구해주기도 한다. 그중에는 무리를 위해 자신의 목숨까지 희생하는 동물도 있다. 고등 인지 능력을 가진 동물만이 이런 행동을 할 수 있다고 생각할지 모른다.

하지만 몇십만 개 정도의 뉴런neuron을 가진 개미는 인간보다 훨씬 더 헌신적인 행동을 한다. 예를 들어, 병정개미는 무리가 이동할 수 있도록 스스로 몸을 던져 공중에 다리를 만들기도 하고, 힘을 모아 자갈 속에서 빠져나오지 못하는 동료 개미를 구하기 위해 자갈을 하나하나 옮기기도 한다. 도대체 어떻게 이런 일이 가능한 걸까?

수천 년 전부터 철학자들은 '이타심altruism'에 대해 논의해 왔는데, 특히 심리학과 생물학이 융합되기 시작한 1960~1970년대에 들어 이타심의 생물학적 기전에 대한 연구가 활발해졌다. 일부 생물학자들은 인간이 순전히 남을 위한 이타적인 마음, 즉 '선한' 마음을 가지고 있다고 주장했다. 하지만 곧 타인을 위하는 마음 역시 길게 보면 행위자에게 이롭기 때문에 진화할 수밖에 없다는 주장이 나왔다. 이는 이타적인 행동이란 행위자에게 단기적으로는 손해지만, 장기적으로는 이익으로 돌아온다는 말이다.

개미 연구자로 유명한 미국의 생물학자 에드워드 윌슨Edward O. Wilson은 개인의 희생으로 집단이 살아남는다고 주장했다.[9] 벌이나 개미의 희생적인 행동을 설명하는 데에는 집단 내 개체들 간의 유전적 유사성이 매우 높다는 점이 중요하다. 또한, 포유류에서 새끼나 친척과 같은 가까운 관계일수록 더 희생적인 행동을 보이는 경향이 있다는 점을 고려할 때, 유전자의 영향을 고려해야 한다.

20세기 가장 위대한 진화생물학자로 손꼽히는 윌리엄 도널드 해밀턴William Donald Hamilton은 유전적 근접성

genetic relatedness을 반영해 동물의 이타성을 설명하는 해밀턴 공식Hamilton's formula*을 제안했다. 수혜자가 받는 이득이 행위자가 겪는 손실보다 크다면 도움을 주되 그 이득을 유전적 근접성으로 곱하여 행위자와 더 가까운 가족일수록 도와준다는 이치다.

이후 1976년에 출판된 《이기적 유전자》에서 리처드 도킨스Richard Dawkins는 친사회적인 이타심도 유전자 수준의 개체 선택을 통해 전달될 수 있음을 설명했다. 즉, 우리가 '좋다' '존경스럽다' '선하다'라고 하는 친사회적인 행동이 실제로는 '유전자의 생존 확률'을 높여주는 현상이라고 할 수 있기 때문이다. 이 원리에서 더 나아가 미국의 진화생물학자 로버트 트리버스Robert Trivers는 친지가 아니라도 개체 수준에서의 호혜 이타성reciprocal altruism이 작동한다고 강조했다.

혼자 힘으로는 감당하기 어려운 상황에서 누군가가 도와주면, 우리는 그 사람에게 고마움을 느끼고, 다음에 그 사람이 힘든 상황에 처했을 때 기꺼이 도와주려 한다. 이러한 관계는 양쪽 모두에게 이롭고, 결국 각자

---

* r(relatedness) x b(benefit) > c(cost)로 r은 유전적 근면도, b는 수혜자의 이익, c는 행위자의 손해를 뜻한다.

의 생존과 번식에도 유리하게 작용한다. 더 나아가 이러한 사회적 행동은 유전자와 함께 자손들에게 전해질 수 있다. 그렇다면 이런 설명들은 결국 우리가 이기적이라는 말일까? 그렇지 않다. 개체 수준에서 느끼는 이타심은 논리적 추론이나 의식적인 계산의 결과가 아니다. 이타심이란 가족을 사랑하고 친구들을 도와주려 하며, 때로는 낯선 이에게도 연민을 느끼는 마음에서 우러나오는 것이기 때문이다.

아기들의 천사 같은 마음

아기와 시간을 보내본 적이 있는 사람은 아기가 천사라는 말에 쉽게 동의하지 않을 것이다. 하지만 가끔 아기들이 보여주는 '선한' 행동은 우리를 놀라게 한다. 미국 미시간대학교 심리학 교수인 펠릭스 바르네켄Felix Warneken은 여러 실험을 통해 아기들이 아무 보상 없이도 모르는 사람을 도와준다는 사실을 밝혀냈다. 그 실험들 중 하나를 살펴보자.

방 한쪽에 실험자와 면식이 없는 한 살짜리 아이를 보호자와 놀게 한다. 실험자는 방 한구석에 있는 책상에 앉아서 일을 하다가 볼펜을 바닥에 떨어뜨리고는 "앗!" 하는 소리를 낸다. 그리고 그는 떨어진 볼펜을 집으려 하지만 손이 닿지 않아 애쓰는 척한다. 그러면 아기는 실험자를 쳐다보다가 실험자의 손과 시선이 볼펜을 향해 있는 것을 확인하고 아장아장 기어서 볼펜을 주워 실험자 손에 쥐여준다. 실험자는 고맙다는 말없이 볼펜을 받고 다시 일하는 척하다가 같은 행동을 반복하면, 아기는 다시 떨어진 볼펜을 주워 실험자에게 가져다준다. 몇 번을 반복해도 아기는 하던 놀이를 멈추고 장난인지 아닌지 의아해하면서도 반복적으로 시험자를 도와준다.

이밖에도 문 열어주기, 퍼즐 놀이 등 다른 비슷한 실험에서도 아기들은 어떤 보상이나 칭찬 없어도 처음 본 사람을 여러 차례 도와준다. 이런 연구를 근거로 펠릭스 바르네켄과 그의 지도 교수인 마이클 토마셀로Michael Tomasello는 아직 예의나 윤리에 대해 배운 적이 없는 유아에게도 선천적인 친사회적 동기가 있다고 주장했다. 그리고 아이들은 이러한 이타적인 행동에 사탕이나 장난감 같은 물질적 보상을 해주기 시작하면, 놀랍게도 보상을 안 할 때보다 훨씬 빠른 속도로 도와주기 행동을 멈춘다.[10]

우리의 친사회적 행동의 동기는 그 행동의 대가로 받는 칭찬이나 보상이 아니라 오히려 사회적 관계에 대한 무의식적인 투자라고 할 수 있다. 위에서 살펴본 아기들의 친사회적 행동은 무의식적으로 일어나기 때문에 도움을 주는 아이들의 마음은 진심이다. 도움을 주고 보상을 받지 못할 때 서운함을 느끼기도 하지만, 우리 대부분은 친사회적 본능으로 인해 고마운 마음을 느끼고 친근감을 느끼게 된다. 결국 누군가 친사회적인 마음으로 한 일을 물질적인 보상으로만 보답한다면, 그 관계는 물질적인 거래로 변질되고 만다.

한 살짜리 영아들은 자신이 속한 집단의 구성원과 유사한 생김새와 비슷한 말투(언어)를 가진 사람을 더 좋아할 뿐만 아니라 그들이 제공하는 정보를 더 신뢰하기 때문에 그들을 더 모방하고, 그들을 더 도와주고 싶어 한다. 하지만 자신이 속한 집단에 대해 갖는 이타심은 결코 우리가 천사 같은 마음을 가지고 태어나서 그런 것이 아니라 친사회적 본능 때문이다.

아기들은 자주 만나고 소통하는 사람들을 자신의 집단으로 분류해 다른 사람들과 구별하는데, 외부 집단에 속한 사람들을 차별하고, 서슴없이 벌을 주기도 한다.[11]

아기들의 친사회적 행동은 본능에서 비롯된다. 아이는 아무도 알려주지 않아도, 스스로 다가가고, 도우며, 연결된다.

이타심의 인지적 조건

이타심을 느끼고 이타적인 행위를 하려면 여러 가지 인지 능력이 필요하다. 기본적인 조건부터 살펴보자. 우선 사회적으로 상호작용할 대상을 감지해야 한다. 앞서 이야기했던 것처럼 아기들이 얼굴에 갖는 관심과 주변 사람들을 알아보는 학습 능력은 어린아이들뿐만 아니라 원숭이와 같은 다른 동물에게도 존재한다.[12] 하지만 그들 모두가 우리와 같이 이타심을 느끼는 것은 아니다. 사회적 행위자를 이해하는 것과 알아보는 것은 다른 인지 과정이기 때문이다.

아기들은 자신을 보고 웃지 않는 얼굴보다 웃는 얼굴을, 시선을 회피하는 눈보다 피하지 않는 눈을 좋아한다. 이는 얼굴에 아기들이 주의를 기울이는 것이, 경계와 같은 부정적인 반응이 아닌 긍정적인 반응으로 나타난다는 것을 보여준다. 이는 단순한 생명체를 알아보는 것을 넘어서 사회적으로 상호작용을 위한 기능이 작동한다는 것이다. 자폐 스펙트럼 장애autism spectrum disorder, ASD처럼 이러한 기능에 문제가 생기는 뇌 질환에서는 눈 맞춤을 피하거나 두려워하는 반응을 보이기도 한다.[13]

사회적 행위자를 이해하기 위해서는 누군가가 행하는 행동의 목적과 의도가 무엇인지 예측할 수 있어야 한다. 태어난 지 얼마 안 된 아기도 사람의 행동을 의도와 목적의 관점에서 해석하고 그 해석에 따라 선택적 선호도를 보인다.

한 실험에서는 두 장난감을 탁자 양쪽에 올려놓고 실험자가 그중 하나를 반복적으로 잡는 행동을 아기들에게 보여줬다. 아기들은 이 행동을 어떻게 해석했을까? 실험자가 그 물건을 선호한다는 심리적인 해석을 했을까? 아니면 그저 실험자가 손을 탁자 한쪽을 향해 반복적으로 뻗는다는 물리적인 해석을 했을까? 두 장난감의 위치를 바꾸면 아기들은 실험자의 손이 전과 동일한 위치로 갈 거라고 기대할까? 아니면 반복적으로 잡았던 장난감이 있는 새로운 위치로 갈 거라고 기대할까?

이런 상황에서 아기들의 반응은 대상이 살아 있는 행위자이냐, 아니냐에 따라 반응이 달라진다. 아기들은 살아 있는 행위자 혹은 그와 유사한 대상(실험자의 손, 얼굴이 있는 인형 등)일 경우, 행위자의 손이 반복적으로 잡았던 장난감을 따라갈 거라고 예상한다(장난감에 대한 선호를 보임). 반대로 장난감이 다른 위치로 옮겨졌을 때, 행위자가 장난감을 따라가지 않고, 동일한 쪽의 장난감을 잡을 경우에는 예측했던 상황과 달라 주시하는 시간이 증가하는 반응을 보이고,[14] 심지어 그 행동을 따라 하기도 한다.[15] 하지만 행위자가 사람이 아닌 집게와 같은 사물일 경우, 아기들은 그 움직임을 단순한 물리적 변화로 받아들이며, 그 행동에 의도나 목적이 있다고 해석하지 않는 것으로 나타났다. 실제로 사람이 손이 아닌 이마로 버튼을 누르는 등 의도가 불분명한 행동을 보일 때는 그 동작 자체를 그대로 따라하지만, 손으로 명확히 버튼을 누르는 경우처럼 의도가 분명할 때는 그 목표를 따라하는 경향을 보였다.

울트라 소셜, 울트라 스마트

주변 사람들을 구분하는 인지 기능은 사회적 집단이 커지면서 점점 중요해졌을 것이다. 어떤 학자들은 고지능 동물의 진화 이유가 사회성 때문이라고도 말하는데, 다른 사람과 협동하고, 기억하고, 모니터링하기 위해 뇌가 진화했을 것이라고 보는 것이다. 이를 사회적 지능 가설social intelligence hypothesis이라고 한다.

생존을 위해 친족만 필요하다면 가족 몇몇 사람과만

관계를 유지하면 될 것이다. 또한 사회성 곤충과 같이 한 무리가 모두 가족이라면 누가 누구인지 구분할 필요 없이 모두에게 잘해주면 된다. 하지만 가족이 아닌 타인과의 협력이 나의 생존을 좌우한다면 누가 나에게 좋은 영향을 미치고 그렇지 않은지 정확하게 알 필요가 있다. 사회적 지능 가설의 예측처럼 신체에서 대뇌의 비중이 높은 동물일수록 집단 크기와 사회성이 높다는 보고도 있다.[16]

인간은 다른 동물에 비해 약하고 느려서 사냥과 자기방어를 혼자서 하기에 벅찼을 것이다. 더욱이 인간은 태어난 직후에도 오랫동안 취약한 상태이므로 아이와 아이를 양육하는 부모는 타인의 도움 없이 살아남기 힘들었을 것이다. 그렇기에 인간과 같은 사회적인 동물은 누가 이롭고 해로운 대상인지를 분석하고 기억해서 다시 그를 상대할 때 적절한 반응을 할 필요가 있었다.

이러한 현상은 상호 의존적 의사 결정을 연구하는 데 활용되는 경제 게임economic game에서도 확인할 수 있다. 익명으로 하는 일회성 최후통첩 게임ultimatum game에서도 이익을 상대와 나누는 이타적인 행동을 보인다. 하지만 사람들은 익명으로 단 한 번만 이뤄지는 일회성 게임에 비해 얼굴이나 신상 정보가 공개된 조건이나 같은 사람과 거래가 반복되는 조건에서 훨씬 더 협조적이고 '선한' 행동을 한다.

특히 게임이 이루어지는 배경 이미지를 사람의 얼굴이나 눈으로 설정해 놓으면 피험자의 이타적인 행동이 두 배로 증가한다.[17] 이는 익명의 사회적 상호작용으로, 부자연스럽고 인위적인 상황에서도 누군가에게 자신의 이기심이 들통날지 모른다는 우리의 무의식적 기제가 작동한다는 사실을 보여준다.

우리는 반사회적 행동에 대한 거부 반응이 너무 강한 나머지 그런 행동을 한 사람에게는 손해를 보더라도 복수하는 것이 정당하다고 여기기도 한다. 실제로 욕심이 많고 이기적인 사람이 고통스러워할 때 쾌감과 보상과 관련된 기저핵 영역의 활성도가 증가한다는 연구 결과도 있다.[18]

우리는 평판을 중요시한다. 이 때문에 누군가의 악한 행위를 집단 전체에 알리려는 경향이 있다. 많은 사람이 소문이 나쁜 사람과 사회적 관계 맺기를 꺼리기 때문에 악행에 대해 많은 사람이 알고 있다는 것은 그에 대한 큰 벌이라고 할 수 있다. 반면 정말 존경스러운 사람이라는 호평만큼 값진 것도 없다. 그렇다면 '좋은 사람'과 '나쁜 사람'을 차별하는 행위도 어릴 때부터 가지고 있는 친사회적 본능 중 하나일까?

연구에 따르면 아기들은 타인을 도와주고 잘해주는 사람을 선호한다.[19] 하지만 거기서 멈추지 않는다. 아기들은 타인을 괴롭히는 사람이 괴롭힘당하는 것을 선호한다. 조금은 서글프게 느껴지지만 아기들도 우리가 느끼는 복수심 같은 복잡한 사회적 감정들을 어느 정도 본능적으로 느낀다는 것이다.

유연한 공감 능력

자연과 진화는 우리에게 생존을 위한 서로 간의 협력과 경쟁이라는 복잡한 관계를 감정을 통해 유지하게 했다. 그 과정에서 우리는 타인의 의도와 목적을 인식하는 인지 능력까지 갖추게 되었다. 내가 알고 있는 것을 상대방이 모를 수 있고, 사람마다 가지고 있는 정보에 따라 나와 다른 행동을 보일 수 있다.

아이들은 발달 과정을 거치며 서서히 타인의 관점과 입장 그리고 믿음까지 고려할 수 있는 마음 이론theory of mind을 갖추게 되고, 그런 시뮬레이션을 통해 진정한 공감을 느끼게 된다.[20]

우리에게는 내집단과 외집단을 나누고 차별하는 기제가 뿌리 깊게 박혀 있지만, 놀라운 융통성 또한 지니고 있다는 것이다. 이제 인간은 한 지역, 한 집단에 묶여 있지 않고, 여러 인종, 국적, 언어가 섞여 있는 세상에서 살고 있다. 심지어 우리와 친사회적 본능을 공유하고 있는 다른 동물과 협력하고 한 가족처럼 살기도 한다.

인간은 유일하게 '우리'라는 테두리를 고무줄처럼 늘였다 줄였다 할 수 있는 존재다. 생각해 보면 국가, 종교, 성별, 정치 성향, 나이, 학교, 지역, 인간, 동물, 생물, 심지어 우주의 모든 물체를 '우리'라는 범주에 포함시킬 수 있다. 이 얼마나 대단한 능력인가! 잠재되어 있는 인지적 유연성을 잘 활용하는 방법을 터득하는 것이야말로 우리가 풀어야 하는 과제다.

우리 감정의 특성

자, 다시 우리의 본래 화두인 감정으로 돌아오면, 감정이란 단순히 이성과 상반되고 우리가 지배해야만 하는 원초적 본능이라고 하기에는 상당히 복잡한 인지 과정이다. 여러 뇌 부위가 상호작용할 뿐만 아니라 학습, 인지, 발달과 복잡하게 얽혀 있다.

감정의 연구 대가이자 《우리 인간의 아주 깊은 역사》의 저자인 조지프 르두Joseph LeDoux는 감정의 진화와 작동 원리를 세포 단위에서 인간의 심리까지 여러 관점에서 설명했다. 그중 가장 인상 깊었던 부분은 인간 감정 중 일부는 분명 다른 동물과 공유하는 것이 맞지만, 우리가 느끼는 감정을 동물도 똑같이 느낄 것이라고 넘겨짚는 건 큰 실수라는 경고였다. 르두는 인간(적어도 영장류)이 느끼는 감정이란 의식과 아주 밀접한 관계가 있고, 이 관계가 본질적으로 우리가 이야기하는 감정의 실체를 다르게 만든다고 주장했다.[21]

그렇다면 우리가 감정을 '느낀다'는 건 과연 어떤 의미일까? 일부 과학자는 의식을 부수 현상epiphenomenon이라고 주장한다. 즉 의식은 그 자체로 딱히 어떤 기능이 있는 것은 아니며, 지각이나 주의와 같은 다른 인지 기능들의 부산물로 일어난다는 뜻이다. 하지만 의식을 일종의 시뮬레이션 플랫폼처럼 본다면 이야기가 달라진다. 의식이라는 플랫폼 덕분에 우리는 현재 상황을 묘사하고, 앞으로 일어날 일이나 사람들의 행동, 그리고 결과의 좋고 나쁨을 예측할 수 있다.

의식은 동시에 작동하는 여러 뇌 기능의 산출물을 통

합하고, 가능한 행동 반응들 사이에서 시뮬레이션을 진행하는 정신적 표상mental representation으로 볼 수 있다. 감정이 정신적 표상이라면 충분히 인지 과정을 통해 변화가 가능하다는 뜻이기도 하다. 아마 이러한 이유로 우리는 타인의 관점에서 자신의 감정과 행동을 평가할 수 있고, 상황을 재해석해 감정을 변화시킬 수 있는 것일지도 모른다. 실제 특정 상황이나 경험의 의미를 새롭게 평가하거나 변화시키는 심리적 과정인 인지적 재해석cognitive reappraisal은 심리 치료에도 많이 쓰이는 기술이다.

이뿐만 아니라 우리가 알고 있는 복잡한 감정은 특정한 사회적 쓰임에 따라서 다양하고 정교한 감정의 차이로 나타난다. 마치 색깔에 이름을 붙여 연속적인 스펙트럼을 구분하듯이 복합적인 감정의 느낌 또한 상황에 따라 다른 이름을 붙인다. 예를 들어, 아쉬움과 섭섭함의 차이가 무엇일까? 부러움과 질투의 차이는? 감정 자체가 다른 것일까? 아니면 그런 감정의 대상과의 사회적 관계나 상황에 따라 이름이 달라지는 것일까?

우리는 좋은 일이 일어날 수 있었던 기회를 놓쳤을 때는 아쉬움, 나와 가까운 사람에 의해서 그런 기회를 놓쳤을 때는 섭섭함을 느끼고, 해로운 행동을 하는 사람에게 혐오나 증오를, 또는 불공정한 이익을 얻은 사람에게 질투나 의심을, 희생을 한 사람에게 감사나 죄책감 또는 책임감을 느낀다.

자기 자신도 제삼자의 입장에서 볼 수 있는 능력이 있기 때문에 다른 사람들의 평가뿐만 아니라 우리 자신에 대한 자신감이나 메타인지적 평가를 하기도 한다. 특정 상황을 떠올리지 않고는 감정을 정의할 수 없다면, 그것은 감정이 맥락적이고 인지적인 실체를 가진다는 힌트일지도 모른다.

04 직관

직감은 생존 본능이다

우리 일상생활에서 '직관'은 어떤 역할을 할가? 직관을
이해하기 위해서는 인지 편향cognitive bias을 알아야 한
다. 인지 편향이라고 하면 보통 대상을 중립적이지 않
고 편향되게 해석해, 있는 그대로 보지 못하게 하는 색
안경으로 여긴다. 그런데 어째서 우리 마음에는 편향
이 존재하는 걸까? 인지 편향이 세상에 대한 이해를 가
로막고 잘못된 길로 우리를 이끈다면 인간은 어떻게 그
가혹한 진화의 경쟁에서 살아남을 수 있었을까?

우리 뇌는 전반적으로 중립적인 일에 대한 확률 계산
에는 어느 정도 정확한 편이지만, 이익과 손실이 걸려
있거나 감정적인 일에 대해서는 정확하지 않은 편이다.

대형 폭발 사고나 배가 침몰하는 사고처럼 충격이 큰 사건에 영향을 많이 받는 현저성 편향salience bias은 우리의 기억 또한 편향되게 하기 때문에 우리의 판단을 흐리게 한다. 예를 들어, 자동차와 비행기의 위험성을 비교해 보자.

교통사고로 사망할 확률은 84 대 1이고, 비행기 추락 사고로 사망할 확률은 1만 대 1이다. 그럼에도 불구하고 비행기 타는 것을 두려워하는 사람이 많은 데 비해 차를 두려워하는 사람은 그보다 훨씬 적다. 비행기가 추락하는 것을 상상했을 때 떠오르는 장면과 그런 상황에서는 아무것도 할 수 없다는 무력감 때문에 더 공포스럽게 생각하는 것도 있지만, 자동차로 일어날 수 있는 사고는 비행기 추락 사고에 비해 흔해서 덜 치명적이라고 여기는 친근성 편향familiarity bias에서 비롯되는 안전불감증 때문이기도 하다.

실제 위험한 상황을 위험하다고 인식하지 못하거나, 안전한 상황에서도 심하게 불안해하는 공황장애와 특정 공포증specific phobia이 생기기도 한다.

또한 최후통첩 게임처럼 경제적 의사결정에 대한 연구에 사용되는 실험에서는, 어떤 조건이든 상대방의 제안을 수락하기만 하면 늘 이득(돈)을 얻을 수 있는 상황임에도 불구하고, 사람들은 상대가 가진 돈에서 얼마의 비율로 자신에게 나누어주는지를 고려한다. 예들 들어, 최근에 큰돈을 번 친구가 돈이 없는 당신에게 짜장면 한 그릇을 사준다면 당신은 정말 감동하며 고마워하는 마음이 들 것 같은가? 그렇지는 않을 것이다. 이게 인간의 마음이다.

한편 이와는 정반대로 자존심이 상한다는 이유로 아예 이득을 거부하고 손해 보는 선택을 하기도 한다. 이렇게 직관과 실제가 큰 차이를 보인다고 생각할 때, 우리는 인지 편향이라는 말을 사용한다.

객관적으로 볼 때, 이런 행동이 비논리적이며 오류처럼 보이기 때문이다. 하지만 관점을 바꿔서 우리의 기억과 확률 계산 능력, 사회적 인지 능력이 얼마나 제한적인지 생각해 보면 이런 상황에서 직관은 효율적이고 유리한 역할을 했을 것이라고 추측할 수 있다.

손실 회피와 낯가림

2002년도 노벨 경제학상을 수상한 이스라엘의 인지심리학자 아모스 트버스키Amos Tversky와 심리학자이자 행동경제학의 아버지라고 불리는 대니얼 카너먼Daniel Kahneman의 전망 이론prospect theory에 따르면 사람들은 보상에 대해서는 이득이 적더라도 확률이 높고 확실한 대안을 선택하는 반면, 손해에 대해서는 손실을 피하기 위해 확률이 낮은, 위험한 도박을 하는 경향이 있다.

쉽게 말해서 100만 원짜리 복권에 당첨되는 기쁨보다 100만 원짜리 벌금을 낼 때 드는 속상한 마음이 훨씬 더 크다는 것이다. 그렇기 때문에 "100퍼센트 확률로 5만 원을 받겠습니까, 아니면 50퍼센트 확률로 10만 원을 받겠습니까?"라는 질문에는 전자를 고르는 사람이 많지만, "100퍼센트 확률로 5만 원을 내겠습니까, 아니면 50퍼센트 확률로 10만 원을 내겠습니까?"라는 질문에는 후자를 선택하는 사람이 많다. 대부분 사람은 이득보다 손실에 약 두 배 이상 큰 영향을 받기 때문에 확실한 5만 원의 손실을 피하려고 10만 원의 손실 위험을 감수한다는 것이다. 즉 같은 대안을 놓고 그것이 보상인지 손해인지에 따라 사람이 느끼는 주관적 가치가 달라진다는 말이다.

트버스키와 카너먼의 인지 편향 연구는 사람들이 경제적 의사 결정을 할 때도 이득을 위한 계산을 하기보다는 직관에 따른 비합리적인 행동을 한다는 것을 보여

췄고, 경제학 이론에서도 인지과학이 중요한 역할을 한다는 것을 강조했다.

흥미로운 건 손실 회피loss aversion 반응이 학습을 통해 형성되는 게 아니라는 사실이다. 인간이 아닌 다른 동물들도 손해나 상실에 대한 손실 회피 본능을 가지고 있다. 미국 인지과학자이자 예일대학교 심리학과 교수인 로리 산토스Laurie Santos는 카푸친 원숭이가 경제적 교환을 아는지 실험하기 위해 동전을 주면 사과를 받을 수 있음을 훈련시켰다. 여기서 사과 한 조각을 보여주고 한 조각을 주는 사람과 사과 두 조각을 보여주고 한 조각만 주는 사람 중 한 명을 선택하게 했다. 그 결과 두 사람 모두 사과 한 조각을 줬지만, 원숭이들은 하나를 보여주고 하나를 주는 사람을 택했다. 사과 두 조각을 가지고 있으면서 하나만 주는 경우, 원숭이들은 나머지 하나를 받지 못했다는 사실을 '손실'로 해석했다. 아예 안 봤다면, 기대도 실망도 없었을 텐데, 원숭이들도 아쉬움을 느끼는 걸까? 두 경우 모두 사과 한 조각을 얻었는데도, 두 조각을 보고 한 조각을 받는 경우는 만족하지 못한다. 왜 이런 부정적인 감정을 느끼는 걸까?

굶주리는 상황을 생각해 보자. 배가 고플 때는 최대한 많이 먹으려고 하는 욕구가 생명을 구해줄 것이다.

최대한 많이 갖고, 많이 먹으며 무언가를 계속 취득하려는 생존 본능이 현대에는 오히려 우리의 몸과 정신 건강을 해치고 있지만, 굶주리는 상황에서는 도움이 된다. 원숭이들은 사육사가 주는 사과를 받아먹는 것에 익숙해져 두 조각의 사과를 보았을 때 둘 다 얻을 거라는 기대했을 것이다. 그러나 실제로는 그중 하나만 받게 되면서, 원숭이는 보상에 대한 예측 오류Reward Prediction Error를 겪은 셈이다. 우리의 뇌는 기대했던 결과가 나오지 않았을 때 도파민dopamine이라는 신경전달물질의 분비가 감소하며, 그에 따라 보상에 대한 신호가 급격히 줄어든다. 이로 인해 뇌는 새로운 학습을 유도하게 된다. 사육사가 어떤 상황에서 얼마만큼의 사과를 주는지를 학습하고, 점점 더 정확하게 예측할 수 있을 때까지 말이다. 실망을 더 나은 예측을 위한 학습으로 삼는 것이다.

위험 요소 회피에 대한 인지 편향 양상은 사회적 직관에서도 찾아볼 수 있다. 우리 인간은 초사회적 동물이라고 할 만큼 사회성이 발달한 종으로, 큰 공감 능력을 가지고 있다. 하지만 이상할 정도로 외집단의 구성원에 대해서는 강한 적대감을 느낀다. 이런 성향은 어린아이들에게도 나타난다.[22] 태어난 지 얼마 안 된 아기들은 인종을 가리지 않고 얼굴 보는 걸 좋아한다.[23] 하지만 100일 정도가 지나면 자신에게 친숙한 인종을 선호하기 시작한다.[24] 물론 이는 아기 자신이 어떤 인종이고 앞으로 어떤 언어를 사용하게 될 것인지를 인지한 결과이거나 어른들의 행동을 보고 학습한 결과가 아니다. 생물체에 대해 선천적으로 관심을 가진 상태에서 발달 초기에 보고 경험하는 것을 통해 뇌에서 '지각적 조율perceptual tuning'이 일어난 결과다. 지각적 조율이란 뇌가 환경과 경험에 따라 특정 자극에 대해 더 민감하거나 효율적으로 반응하도록 조정되는 과정을 뜻하는 것으로, 뇌 가소성의 한 형태라고 볼 수 있다.

생존 능력이 취약하고 무리 속에서 양육되는 종일 경우, 새끼는 안전한 자신의 무리가 가진 특성을 학습하고 그와 다른 존재를 피하는 게 생존에 유리하다. 이런 측면에서 아이의 낯가림 또한 생존을 위한 편향이라고 할 수 있다. 이러한 변화는 사람하고만 사는 강아지가 자기와 완전히 다른 종인 사람이 아니라 오히려 개들을 두려워하는 것과 유사하다.

인간과 함께 살아가는 반려견의 경우엔 그것이 적응적인 학습이라고 할 수 있지만, 항상 그렇지는 않다. 예를 들어, 병아리는 태어난 후 자신을 품고 있던 어미를 각인해야 하는데, 그 시기를 놓쳐 자신을 먹잇감으로 보는 고양이를 어미로 인식하는 경우도 있고 농부를 어미라고 인식해 따라가기도 한다. 아기들의 경우에는 자신을 학대하는 어른일 수도 있다. 엄밀히 말해, 이 모든 것을 인지적 오류라고 해야겠지만, 대부분 어린 동물 곁에는 어미와 그 무리가 있다고 하더라도 유전적으로 어미를 다른 개체와 구분할 수 있을 정도로 생김새를 뇌에 미리 입력시킬 수 있는 생물학적 방법이 있지 않기 때문에 생긴 결과라고 하는 게 더 정확하다.

본능 기계로서의 마음

우리 마음의 편향과 인지적 오류를 이해하기 위해선 생존이 힘들었던 아주 오래전의 환경을 떠올려봐야 한다. 당시에는 먹이나 자원을 빼앗기는 일들이 비일비재했고, 이 때문에 낯선 타 집단을 만나는 일은 되도록 피해야 했다. 지금 우리는 매 순간 삶과 죽음이 결정되는 극박한 환경에 살고 있지는 않지만, 여전히 그 당시에 형성된 직관을 가지고 살아간다. 정확성은 떨어져도 정보를 빠르게 처리해 행동으로 옮기는 생존 메커니즘이 우리 뇌에서 작동하고 있는 것이다. 이런 사실을 직시한다면 어째서 그렇게도 인지 편향을 막기 힘든지 이해할 수 있다.

우리 마음은 생각보다 훨씬 강력한 본능 기계다. 우리 뇌는 물체를 인식하고 물체들 간의 상호작용을 예측하는 여러 직관을 갖는다. 우리는 이 직관들을 통해 인과관계를 파악하고 예측하기도 한다. 이런 물리적 세계에 대한 직관을 직관 이론intuitive theory이라고 부르는데, 여기에 '이론'이라는 이름을 붙인 이유는 우리가 그 개념에 따라 세계를 일관적으로 설명하고 예측할 수 있기 때문이다. 직관 이론은 우리 마음에 뿌리 깊게 새겨져 있기 때문에 반대 증거나 새로운 지식이 나타나도 쉽게 바꿀 수 없다.

나의 대학원 선배이자 미국 캘리포니아 옥시덴탈 칼리지 심리학과 교수인 앤드루 슈툴먼Andrew Shtulman의 연구에 따르면, 대부분의 물리적, 생물학적 과정들은 우리 눈으로 보고 만질 수 있는 공간적, 시간적 차원에서 일어나지 않을 뿐만 아니라, 우리가 이해할 수 없는 변이의 '무작위성randomness'이라는 개념을 포함하기 때문에 아무리 과학적 증거가 있다고 해도 우리가 직관적으로 이해하기 어렵다.

그뿐만 아니라 어린아이는 발달 과정에서 직관을 바탕으로 세상에 대한 직관 이론을 형성하기 때문에 이러한 이론들을 단시간에 바로잡는 것은 어렵다. 슈툴먼의 연구 중에는 하버드대학교 학생들의 직관을 비교한 연구도 있었는데, 놀랍게도 생물학 전공자들 중에서 다수가 진화나 자연선택에 대한 원리를 완전히 이해하지 못했다. 특히 한 종 전체가 모두 선택된 쪽으로 변화하는 것이 아니라 개체들 간에 번식을 통한 자연적인 변이가 발생하고 그중에서 환경에 적응적인 특성을 가진 변이들이 선택된다는 부분에서 가장 헷갈려 했다.

슈툴먼은 자신의 연구 분야인 생물학 직관과 물리적 직관 이론들에 대해 설명한 책《왜 우리는 세계를 있는 그대로 보지 못하는가?》를 저술했다. 나는 교육에 관심이 많은 한국 사람들에게 과학 이론이 왜 그렇게 어려운지, 그 이해를 돕기 위해 슈툴먼의 책을 한국어로 번역했다. 그 과정에서 대학 시절에 겪었던 혼돈을 떠올리며 나 자신을 더 깊이 이해할 수 있었다.

앞서 이야기했듯 학부생 시절 천문학을 전공하며 양자역학을 배우기 시작했을 때, 뭔가 이상하다고 느꼈다. 머릿속으로 아무리 상상해 봐도 내게 익숙한 시간과 공간 개념으로는 양자역학을 절대 알 수 없을 것 같았기 때문이다. 그러던 중 내가 알고 있는 지식을 동원해 양자역학을 '직관적'으로 이해하려고 했다는 걸 깨달았다.

그 덕분에 인간의 인지에 어떤 한계가 있고, 왜 그런 한계가 생겼는지 궁금해졌다. 지금까지 뇌를 연구하면서 내가 깨달은 사실 중 하나는 직관과 추측이 틀릴 때도 있지만, 어떤 경험을 하고 세상을 관찰했을 때 그 현상의 원인과 원리를 이해하려고 하는 것은 인간의 본능이라는 것이다. 앞서 마음과 의식에 대해 비판적으로 말했던 사람들도 그 문제를 이해하려고 질문한 것이다. 하지만 우리의 지식은 한정되어 있고, 우리 뇌는 불확실한 정보를 바탕으로 추측하기 때문에 오류를 피할 수 없다.

영유아들은 물체나 공간, 수량, 생물, 사회적 행위자 등에 대한 기본 개념을 가지고 태어난다. 이 중 일부는 다른 동물도 공유한다고 알려져 있다. 나의 박사과정 지도 교수였던 엘리자베스 스펠키Elizabeth Spelke는 이러한 개념에 '핵심 지식core knowledge'이라는 이름을 붙였다.[25]

핵심 지식은 사실 우리가 흔히 말하는 지식과는 달리 동물의 진화한 뇌에서 외부 자극들을 분류하고, 분류된 자극의 종류에 따라 정보를 처리하는 기능을 말한다. 그중 물리적 대상에 대한 직관인 직관 물리학intuitive physics은 물체가 단단하다고 해석하고 물체에 힘을 가하면 그에 따라 물체가 연속성 있게 움직인다고 가정한다. 또한 물체와는 다른 특성과 움직임을 가진 생명체를 알아보기도 한다. 영유아들은 이런 핵심 지식을 통해 세상을 경험하고 해석하는데, 이 과정에서 직관은 '상식'으로 발달한다.

여러분의 직관 물리학을 한번 시험해 보자. 여러분은 지금 아무것도 없는 넓은 사막에 서 있고 손에는 총 한 자루가 쥐어져 있다. 그 총을 조준해 지면과 평행하게 총알을 발사했다고 상상해 보라. 방아쇠를 당기자 총알이 앞으로 발사됐고 그와 동시에 탄창이 땅으로 떨어졌다. 자, 그렇다면 총알과 탄창 중 무엇이 먼저 땅에 닿았을까? 사람들 대부분이 탄창을 선택한다.[26] 총알이 앞으로 향하도록 만드는 힘을 받았기 때문에 탄창보다 더 오래 공중에 떠 있을 거라고 예측한다.

이번엔 질문을 살짝 바꿔서 총과 대포를 동시에 지면과 수평으로 발사한다고 해보자. 땅에 먼저 닿는 건 총알일까, 포탄일까? 사람들은 이 경우에도 포탄을 선택했다. 포탄이 무거워 총알보다 앞으로 향하는 힘을

직관은 늘 정답을 주진 않지만, 우리는 그것에 기대어 세상을 읽어낸다.

받지 못해 중력의 영향을 더 많이 받을 것이라고 생각하기 때문이다. 포탄이 어떤 궤적을 그릴지 사람들에게 그림을 그리게 해보면 처음에는 포물선을 그리지만, 마지막에는 포탄이 거의 직각으로 떨어지는 모습을 그린다. 하지만 아무리 좋은 총으로 쏜다고 해도 총알이 공중에 더 오래 떠 있지는 않다. 두 물체는 같은 높이에서 동일한 중력의 영향을 받기 때문에 동시에 땅에 떨어진다.

이 사례들을 통해 알 수 있는 건 직관 물리학이 내부의 힘, 즉 기동력impetus을 바탕으로 한다는 점이다. 잘못된 개념이지만 일관성을 갖는다. 예를 들어, 상모 끝에 돌멩이를 매달고 상모돌리기를 한다고 해보자. 그러던 중에 돌멩이를 묶고 있던 끈이 끊어져 돌멩이가 날아간다면 돌멩이는 어떤 궤도를 그릴까?

물리 교육을 받은 성인을 포함해 많은 사람이 돌멩이가 돌던 방향으로 살짝 휜다고 묘사한다. 여기에서도 우리는 기동력 개념을 만날 수 있다. 돌멩이를 돌리던 힘이 날아가는 돌멩이에 아직 남아 있을 거라는 직관 말이다.

이런 직관 물리학은 현실에서 일부분은 성공적으로 예측할 수 있지만, 많은 부분에서 편향된 해석과 예측을 낳는다. 아리스토텔레스가 《자연학》에서 자연적인 운동과 강제적인 운동을 구분하며 "흙은 땅으로 돌아가고, 물체는 그 위치에 있으려는 습성을 가지고 있기 때문에 힘을 가하지 않으면 움직일 수 없다"라고 했던 것처럼 말이다.

직관적 오류는 문화와 상관없이 나타나며 교육을 받은 후 성인이 되어서도 지속된다. 그럼 물리학을 전공한 사람들은 어떨까? 물리학 전공자들은 어렵지 않게 앞선 문제들에 대해 정답을 말했지만, 흥미롭게도 이런 비직관적인 문제를 풀 때면 직관적인 문제를 풀 때보다 전두엽frontal lobe이 더 활성화되었다. 이는 물리학을 전공하지 않은 사람이 직관적 오류를 극복할 때도 마찬가지다.[27] 다시 말해, 과학적 사실을 이해하고 있는 사람의 마음에도 여전히 기동력에 대한 직관이 남아 있는 것이다.

신생아를 비롯해 다른 동물들도 선천적으로 살아 있는 존재와 무생물을 구별하는 능력을 갖추고 태어난다. 이때 직관 물리학은 살아 있는 존재를 구분하는 데 큰 도움이 되지 않는다. 오히려 이는 직관 물리학보다 더욱 흥미로운 '직관 생물학intuitive biology'의 오류를 보여주는 사례라 할 수 있다.

네 살짜리 아이는 식물이 스스로 움직이지 않기 때문에 식물이 살아 있지 않다고 생각한다. 이런 직관은 점차 나이가 들면서 사라지기도 한다. 하지만 성인들에게도 그림을 제시하고 최대한 빠른 시간 안에 살아 있는 생물인지를 판단하게 하면, 식탁과 같이 움직이지 않는 사물을 생물이 아니라고 응답하는 시간보다 물레방아와 같이 움직이는 사물을 생물이 아니라고 응답하는 시간이 더 오래 걸리고, 동물보다 식물이 살아 있다고 답하는 데 걸리는 시간은 더 길다. 심지어는 식물이 생물이 아니라고 오답을 할 때도 있다. 이렇듯 생명체를 구분하는 데는 생김새, 움직임, 행동들에 대한 직관이 적용되는데, 그중에서도 가장 강력한 단서는 앞서 이야기했던 얼굴이다.

아이는 눈을 뜨는 순간부터 얼굴의 형태(얼굴 윗부분에 위치한 두 개의 점과 아랫부분에 위치한 점 하나)를 알아본다. 우리가 구름에서도, 나무에서도 얼굴을 보는 이유다. 우리 집 천장을 보면 그곳에 있는 무늬가 자꾸 곰같이 보여서 의식적으로 그렇게 생각하지 않으려고 노력한다.

이러한 선호는 선천적인 것으로, 얼굴을 한 번도 본 적이 없는 태아에서도 나타난다는 연구 결과도 있다.[28]

임신 마지막 달이 되면 태아는 엄마 뱃속에서 눈을 떴다 감았다 하는데, 이 시기 태아는 시력이 좋지는 않지만, 그래도 불빛 정도는 인식할 수 있다. 실험자들은 초음파로 태아의 위치를 파악한 후 산모의 배에 밀착해 태아에게 삼각형과 함께 얼굴과 비슷한 역삼각형 모양의 불빛을 비췄다. 그러자 얼굴을 한 번도 본 적 없는 태아 역시 얼굴 모양의 불빛을 향해 고개를 돌렸다. 실험자들은 그 모습을 초음파로 찍었다. 사실 태아를 대상으로 연구를 진행했다는 점이 놀랍지만, 얼굴에 대한 주의와 관심은 많은 척추동물이 공유하고 있는 핵심 인지 기능이다.

이러한 선천적인 성향은 갓 부화한 병아리들에서도 관찰된다. 빛이 차단된 인큐베이터에서 부화한 병아리들을 통로 한가운데 놓고 한쪽 끝에는 여러 얼굴 모양 자극을 제시하고, 반대편에는 비슷하지만 얼굴 모양이 아닌 자극을 제시한 후 병아리들이 어떻게 반응하는지를 관찰했다. 흥미롭게도 병아리들은 태어나서 처음으로 자극들을 보았음에도 불구하고 어떤 얼굴이든 상관없이 얼굴 모양을 띤 그림들에 다가갔다. 이는 병아리에게 어미의 모습을 각인시키는 과정과도 관련이 있다.

얼굴과 유사한 모양에 주의를 기울이던 태아는 출산

후 주변 사람들의 얼굴을 관찰하고 점차 안면을 인식하는 데 능숙해진다. 얼굴의 미세한 차이까지 구분하고 기억하는 이 능력은 "얼굴이다" 하고 빠르게 판단하는 것은 피질하 영역subcortical mechanisms이 아니라, 대뇌피질 영역cortical mechanisms, 그중에서도 특히 방추형 얼굴 영역fusiform face area에서 발생한다. 이 영역에서 개별 얼굴을 학습하고 구분해 인지한다.[29] 앞에서 살펴본 것처럼 태아가 얼굴을 알아볼 수 있는 것은 얼굴에 관심을 갖는 인지 능력과 얼굴을 세밀하게 분석해 점차 주변 사람들을 알아볼 수 있는 인지 능력 덕분이다.[30]

직관과 함께 살아가기

직관 이론은 교육이나 가르침 없이 본능적 반응, 경험과 학습으로 우리가 스스로 터득한 세상을 보는 틀이다. 이런 직관들은 아마 특정 환경에서 인과관계를 포착하고 행위자에 심적 속성을 부여해 마음을 읽을 수 있어 생존에 필요한 기능을 했을 것이다. 하지만 문제는 시대가 변했다는 점이다. 여러 과학적 사실들이 밝혀진 현대에는, 이러한 부정확한 직관 이론들은 큰 장애물이 되기도 한다.

이탈리아의 과학자이자 철학자인 갈릴레오 갈릴레이 Galileo Galilei는 다음과 같이 말했다. "모든 진리는 발견된 후에는 이해하기 쉽다. 문제는 그들을 발견하는 것이다." 하지만 직관 이론은 진리를 발견한 후에도 진리를 제대로 보지 못하게 할 만큼 끈질긴 면이 있다.

인간의 의지로는 쉽게 없앨 수 없는 인지 편향이 너무 깊게 자리 잡지 않도록 하려면 우리는 어떤 노력을 해야 하는 걸까? 연구에 따르면, 그 답은 직관 이론과 과학 원리 사이에 징검다리를 놓아주는 과학 교육에 있다.[31] 예를 들어, 우리는 큰 스티로폼 상자는 예상보다 가볍고 작은 금덩어리는 예상보다 무겁다고 생각한다. 이는 사람들이 "큰 물체는 무겁고, 작은 물체는 가볍다"라는 잘못된 직관을 가지기 때문이다. 이러한 잘못된 직관을 바로잡으려면 질량과 부피의 관계를 설명하는 밀도density라는 개념을 어릴 때부터 경험하게 함으로써 추후에 물질의 분자론적 원리를 쉽게 이해할 수 있도록 기반을 마련할 수 있다.

영유아기에 경험에 따라 지각적 조율의 범위가 정해지기 때문에 언어나 인종에 대한 구분 능력을 향상시키고 더 나아가 집단별 차별을 막기 위해서는 다양한 환경에 아이를 노출시키는 것이 중요하다.

잘못된 직관이 너무 오랫동안 자리 잡아 습관화되는 것을 막으려면 조기 교육에 대한 노력과 고민이 필요할 것이다. 이와 더불어 우리 스스로 직관이나 기존에 알고 있던 지식을 맹신하기보다는 자신이 믿고 있던 것이 틀릴 수 있음을 받아들이고 끊임없이 탐구하려는 자세를 갖는 것이 중요하다.

05 기억

당신의 기억을 의심하라

지금 이 순간 이 글을 읽으면서도 여러분은 잠시 아주 먼 과거로 시간 여행을 할 수 있다. 그곳에는 실제로 경험했던 것과 동일한 정보도 있고 정보가 없는 경우에는 뇌에서 비슷한 경험들의 기억을 바탕으로 채워 넣는다. 이로 인해 우리는 연속성을 가진 온전한 기억을 형성할 수 있다.

사라진 과거

우리는 간혹 기억의 일부를 아예 잃어버릴 때가 있다. 나도 몇 년 전에 부모님 집 다락에서 대학교 때 쓰던 노트들을 정리하다 어이없는 경험을 한 적이 있다. 한쪽에 '국제경제학'이라고 쓰여 있는 노트를 들여다봤더니 그 안의 글씨는 분명 내 필체였지만 내용은 전혀 기억나지 않았다. 아무리 기억을 더듬고 가능한 시나리오를 생각해 봐도, 천문학을 전공했던 내가 경제학 수업을 들었을 리 없다고 믿었다. 노트에는 열심히 공부한 흔적이 고스란히 남아 있었는데, 어떻게 아무런 기억도 없을 수 있는지 너무 당황스러웠다.

캘리포니아 공과대학교에 다니던 시절, 여름방학 때 뉴저지에 있는 집으로 돌아와 근처에 위치한 럿거스대학교에서 계절학기 수업을 들었던 기억이 났다. 같은 시기에 들었던 심리학 수업은 기억이 났지만, 유독 경제학 수업만은 기억이 나지 않았다. 심리학 수업을 들었던 기억과 혼동했다. 분명 한 달 동안 온전한 정신으로 (아마도!) 수업을 듣고 시험도 봤을 텐데 내 머릿속에 일말의 기억도 없다는 사실이 황당스럽게 느껴졌다.

아무리 생각해 봐도 강의실과 내가 앉았던 자리만 어렴풋이 생각날 뿐 제대로 된 기억이 떠오르질 않았다. 그 이유가 '공부를 하지 않아서 그럴거야'라고 생각해 학교에서 받은 성적표를 찾아보았다. 그런데 이럴 수가! 난 그 수업에서 무려 A학점을 받았다. 아무리 대충

외워서 시험을 봤다고 해도 머릿속의 기억은 하나도 없고, 그때를 설명할 수 있는 흔적이라고는 노트와 성적표밖에 없었다. 이게 정말 가능한 일일까? 그때 배웠던 지식은 완전히 사라진 것일까? 아니면 의식적으로 기억할 만한 정보가 아니라서 나의 '일화 기억'에 저장되지 않고, 어딘가 무의식 속에만 남은 걸까?

기억을 연구하면서부터는 더 이상 그 수업을 기억해내려고 하지 않는다. 우리의 뇌에서는 매일 이렇게 기억을 삭제하며, 나중에 억지로 떠올린 기억은 정확하지 않을 가능성이 크다는 사실을 알게 되었기 때문이다.

우리의 뇌는 아주 잘 만든 사용자 인터페이스User Interface, UI처럼 우리의 경험과 기억을 연속적이고 일관성 있게 만들어준다. 하지만 기억은 실제로 오류 투성이고 그 기억의 조각에는 우리가 느끼는 것보다 훨씬 더 많은 가짜 기억이 섞여 있다.

국제경제학 수업을 생각하면 할수록 뭔가 기억나는 것 같고 심지어 당시의 상황이 머릿속에 그려지기도 한다. 어떤 남자 교수의 모습이 떠오르기도 하고, 뒤에 앉아 있던 학생들이 떠들던 장면도 생각나는 것 같다. '이렇게 조금씩 기억이 나는구나' 하고 생각하며 떠올린 장면들을 다시 머릿속에 저장한다. 이후에 그 수업에 대해 생각하면 이 장면들이 더 선명하게 떠오를 것이고, 그 기억을 25년 전에 있었던 수업에 대한 기억이라고 믿게 될 것이다. 얼마 전에 노트를 보며 떠올렸던 생각이나 상상에 지나지 않는데 말이다.

우리는 기억을 CCTV처럼 머릿속에 고스란히 저장되는 기록이라고 착각하지만, 기억은 뇌의 창조물에 더 가깝다. 사실 우리의 지각조차 환경으로부터 감지할 수 있는 소량의 데이터로 추론된 결과이기 때문에 과거의 기록뿐만 아니라 순수한 현재의 기록도 존재하지 않는다고 할 수 있다.

우리는 어떤 일을 기억할 때마다 빠진 정보를 추측해 채우고, 그 기억을 재평가하게 된다. 이 과정에서 기억이 바뀌어 오류가 생길 수 있다. 특정 상황을 반복해서 떠올리면 기억이 점점 더 선명해지고, 그 과정에서 업데이트된 내용이 다시 저장된다. 이렇게 계속 생각하다 보면, 처음에는 아무런 기억이 나지 않았던 상황에서도 어느 순간 그 기억에 대해 확신을 갖게 될 수 있다. 그 장면이 상상의 산물인 줄은 눈치채지 못한 채 우리는 매일 이런 오류를 범하며 살고 있다.

이러한 오류는 주로 가능성이 가장 높은 내용, 친숙한 정보, 혹은 비슷한 다른 기억과 혼동되면서 발생한

기억은 저장된 기록이 아니라, 반복된 상상이 만든 이야기다.

다. 이를테면 내가 기억해 낸 강의실과 교수의 모습은 예전에 들었던 다른 수업과 관련이 있거나, 대학교 수업에 대한 보편적인 장면으로 채워졌을 가능성이 있다.

기억은 시간이 지날수록 그 사건이 일어난 정확한 시기와 맥락에 대한 정보가 희미해지기 때문에 현실과 점점 더 동떨어진다. 꿈을 과거에 일어났던 일이라고 착각하는 경우처럼 말이다.

스스로 기억을 조작하다

기억 왜곡은 우리가 일상생활을 하는 데 불편함을 주지만 바로잡을 수 있을 정도의 작은 실수나 오해로 끝난다. 하지만 확실한 증거가 없어 피해자나 목격자의 증언이 결정적인 역할을 하는 법정에서는, 기억 왜곡이 큰 영향을 미칠 수 있다. 기억의 정확성을 검증하기 어렵다는 점에서 기억 왜곡은 판결의 심각한 오류를 초래할 수 있는 것이다.

미국의 인지심리학자인 엘리자베스 로프터스Elizabeth Loftus는 수십 년간 목격자 증언에 대한 유효성을 연구해 왔다. 그녀의 연구는 하나의 단어만으로도 사람들의 기억을 왜곡시킬 수 있고, 생각을 반복할수록 조작된 기억이 오히려 더 구체적이고 선명해질 수 있음을 보여준다.

실험에서 사람들에게 교통사고 영상을 보여주고 경찰이나 검사가 흔히 목격자에게 하듯 사고에 대한 질문을 던졌다. 일부 참여자들에게는 "차들이 충돌하기 전에 얼마나 빨리 가고 있었습니까?"라고 물었다. 그리고 다른 참여자들에게는 '충돌하다' 대신 '박살되다'로 단어만 바꿔서 같은 질문을 했다.

그 결과 모두 같은 영상을 봤음에도 불구하고, 후자의 경우 더 많은 사람이 자동차가 과속하고 있었다고 진술했다. 일주일이 지나고 다시 실험 참여자들에게 사고에 대해 물었다. 그중에는 깨진 유리를 목격했는지 묻는 질문이 있었다. 실제 영상에서는 유리 파편을 볼 수 없었지만 놀랍게도 '박살되다'라는 단어가 들어간 질문을 받았던 사람들이 유리 파편을 봤다고 말하는 경우가 많았다.

기억은 생각보다 쉽게 왜곡될 수 있다. 한 연구에 따르면 잘못된 정보, 상상, 반복의 적절한 조합으로 피험자에게 가짜 기억, 심지어 범죄에 대한 기억을 심는 것이 가능하다. 이 연구에서 가장 놀라운 결과는 과거에 심각한 범죄를 저질렀다는 기억을 갖게 하는 게 생각만큼 어렵지 않다는 것이다. 우선 연구자들은 참여자 모집 단계에서 피험자에게 어린 시절에 대해 가족과 인터뷰를 하겠다는 동의를 받은 후 참여자에게 있었던 사건들에 대한 정보를 수집했다.

실험 첫날에 실제로 있었던 두 사건과 하나의 가짜 사건에 대해 물었다. 당연히 사람들은 가짜 사건을 기억하지 못했는데, 실험자는 몇 가지 방법을 써서 사람들의 기억을 유도했다. 예를 들어, "이건 당신 부모님이 말씀해 주신 내용이니 집에 가서 잘 생각해 보세요. 머릿속으로 상황을 그려보면 기억이 날지도 몰라요"라고 말하는 식이었다. 다음 날에도 참여자가 기억나지 않는다고 하면 연구자는 가짜 사건의 세부 사항들에 대해 몇 가지 암시를 주고, 조금 실망한 기색을 보이며 기억이 날 수 있으니 최대한 노력해 보라고 하며 사회적 압력을 주기도 했다.

3일 동안 이런 방식을 반복하면 사람들은 대부분 과거에 없었던 사건을 기억해 내기 시작했다. 그 기억에는 일어났던 사건뿐만 아니라 그때 보았던 풍경, 들었던 소리, 맡았던 냄새와 같은 다중 감각 정보까지 포함되어 있었다. 이 연구는 특정 집단이 아닌 성격이 원만

하고 정신도 건강한 일반 성인을 대상으로 진행되었다는 점에서, 기억 조작이 누구에게나 일어날 수 있다는 사실을 다시 한번 보여준다.

어린 시절 기억이 잘 나지 않는 이유

유명한 아동심리학자 장 피아제Jean Piaget도 이러한 기억 조작을 경험한 적이 있다고 한다. 그는 자신이 가지고 있는 가장 어렸을 때의 기억이 만 2세 때 유괴를 당할 뻔했던 기억이라고 했다. 그는 당시 유모가 유괴범과 벌였던 몸싸움, 유모의 얼굴에 생겼던 상처, 몽둥이를 들고 범인을 쫓던 경찰까지 모두 봤다고 확신했다.

그 후로 13년이 지나고 나서야 유모는 사실 그런 일은 없었으며, 모두 그녀가 꾸며낸 이야기라고 고백했다. 나중에 피아제는 그 사건에 대해 이렇게 말했다. "나는 유모에게서 이야기를 들은 후 머릿속으로 상황을 그려 잘못된 기억에 대한 시각적 기억을 만들고, 그것을 사실이라고 믿었다."

실제 2살 때 일어났던 사건의 기억이 형성될 가능성은 매우 낮다. 영아 기억 상실증infantile amnesia이라고 불리는 이 현상은 사고나 질병으로 인해 생기는 기억 상실과는 달리 정상적 뇌 발달 과정에서 우리 모두에게 일어날 수 있다.

어린아이는 물체, 위치, 인물에 대한 기억은 잘하는 편이다. 하지만 어린아이의 기억은 시간 축에서 서로 연결이 되어 있지 않고 파편처럼 흩어져 있다. 3~4세가 되고 나서야 시간과 장소에 대한 기억이 결합되어 흐름이 생기기 시작하고, 6세부터 성인과 유사한 연속적인 일화 기억을 형성할 수 있다. 예를 들어, 장난감 몇 개를 아이와 함께 하나씩 방 안에 숨긴 뒤, 같은 장난감을 주고 순서대로 따라 해보라고 하면, 2세 정도의 어린아이들은 장소와 장난감은 기억하더라도 그 순서는 기억하지 못한다. 즉 '하나의 사건'을 통째로 기억하는 능력이 아직 형성되지 않았기 때문이다. 3~4세쯤 되면 장소를 순서대로 기억하게 되고(시간과 공간의 결합), 5~6살쯤 되면 무엇이, 언제, 어디서, 어떻게 일어났는지 시간과 공간의 순서를 모두 결합해 기억을 형성할 수 있게 된다.[32]

이러한 기억의 특성 변화는 뇌 발달 과정을 통해 이해할 수 있다. 기억에서 중심적인 역할을 하는 해마는 어린 시절부터 기본적인 발달을 시작하지만, 청소년기까지 느리게 발달하는 대뇌피질과의 연결망이 천천히 형성되면서 시간과 연합된 일화 기억 기능이 점차 발달하게 된다. 성인이 된 후에는 조각난 기억들을 무의식적으로 끼워 맞추며 '상상된 기억'을 만들어내기도 한다. 어렸을 때 찍은 사진을 보고 그 상황을 머릿속에 그려보는 것처럼 말이다.

오랜 시간이 지나 잊히고 바랜 기억들에 생긴 구멍들을 메우다 보면, 진짜 기억과 가짜 기억이 퀼트처럼 잘 짜이게 된다. 앞서 예로 들었던 법정에서의 증인의 증언도 사건 후 시간이 지나면서 왜곡되기 쉽다. 특히 과거 일을 너무 애써 기억하려고 하면 오히려 상상의 영향을 받을 가능성이 높아진다. 그래서 증인이 있다면 사건 후 신속히 심문하는 것이 안전하다. 또한 강요나 압박 역시 기억을 왜곡할 수 있다. 증인이 아동인 경우에는 특히 그렇다.

기억 조작에 대해 조금이라도 이해한다면 프로이트의 치료법을 잘못 사용할 경우 어떤 일이 일어날 수 있는지도 예측할 수 있다. 프로이트와 그 당시 정신과 의사들은 '억압된 기억 치료법repressed memory therapy'으로 영유아 시절에 겪었던 심적 스트레스나 트라우마를 해소해 줌으로써 우울증이나 공황장애 등의 정신 질환을 치료할 수 있다고 믿었다.

하지만 의사가 하는 이런저런 이야기나 단순한 질문만으로도 환자가 상상된 기억을 만들어낼 수 있음을 상기해 보면, 그런 일을 겪은 적이 없음에도 환자는 어린 시절에 학대나 사고를 당했다고 믿게 될 수 있다. 이는 환자의 마음을 치료하는 것에서 끝나지 않고 그 과정에서 무고한 사람이 범죄자로 지목될 수 있는 위험으로 이어질 수 있다.

기억을 정리당하다

하버드대학교 심리학 교수인 대니얼 샥터Daniel Schacter 교수는 《도둑맞은 뇌-뇌과학이 발견한 기억의 7가지 오류》에서 기억의 7가지 오류를 다음과 같이 정리했다.

- 일시성transience: 시간이 지나면 기억이 흐려지면서 나타나는 오류
- 건성absentmindedness: 부주의로 처음부터 기억이 부실하게 형성돼 나타나는 오류
- 막힘blocking: 일시적으로 기억이 상기되지 않는 오류

- 오귀인misattribution: 특정 사건의 상황을 잘못 인출하는 오류
- 암시성suggestibility: 새 정보나 압력과 같은 외부 요소로 인한 오류
- 편향bias: 자신의 지식이나 편견처럼 내부 요소로 인한 오류
- 지속성persistence: 잊을 수 없고 반복적으로 떠오르는 오류

이처럼 기억에는 오류가 많기 때문에, 기억 연구에서는 진짜 기억, 가짜 기억, 그리고 상상을 구분하는 일이 매우 어렵다. 그렇다면 기억은 과거를 기억하기 위해서 있는 걸까? 생물학적 자연선택의 관점에서 본다면 기억은 과거를 추억하기보다 미래의 적응적 행동을 위해 존재한다.

이런 관점에서 생각해 보면 과거 사건들 하나하나의 구체적인 사항보다 뇌의 해석이 더 중요하다. 그렇기에 기억 메커니즘은 특별한 차이가 없는 비슷한 정보들을 서로 묶어 저장하고, 아주 중요한 사건들은 바로 다시 상기시켜 단기간에 다른 기억과 섞이지 않도록 하여 그 정확성을 유지하려 한다.

매일 반복되는 일상 속에서는 주의가 흐트러질 때도 있고, 중요하지 않거나 떠올리기 싫은 기억은 점차 약해지기도 한다. 매일 밤 우리가 잠든 사이, 뇌에서는 중

요한 기억을 강화하고 단단하게 만드는 과정이 이루어진다. 그렇게 우리는 누구나 자연스럽게 기억을 정리 '당하게' 되는 것이다.

해마는 알츠하이머병과 관련이 있어 요즘 사람들에게 비교적 친숙한 뇌 부위다. 알츠하이머병 초기부터 해마와 주변 피질의 기능이 떨어지기 시작하는데, 이는 공간 감각 상실과 기억 장애를 일으킨다.

해마의 신경 세포들은 우리가 있는 공간, 그 공간의 특성과 느낌, 그리고 그곳에서 흐르는 시간에 따라 움직임과 행동에 대한 정보를 저장하는 기능을 한다. 다시 말해, 해마는 한 장소, 한 시점에서 일어나는 사건에 대한 정보를 결합하고, 이를 다른 기억들과 구분하기 위해 뇌의 정보처리 과정에서 분리한다. 이 과정을 패턴 분리pattern separation라고 한다. 하지만 모든 기억을 완전히 분리해서 따로 저장한다면 효율성이 떨어져 기억은 제대로 기능하지 못할 것이다.

앞서 말한 것처럼 기억의 기능이란 미래에 비슷한 상황을 예측함으로써 그런 상황이 왔을 때 빠르고 유리한 행동을 하도록 만드는 것이다. 그렇기 때문에 해마는 적당히 비슷한 정보를 더 유사한 패턴으로 만들어 종합하는 패턴 완성pattern completion의 기능을 수행하며, 일부 정보만으로도 기억 전체를 인출할 수 있어야한다. 이러한 기억 메커니즘으로 많은 양의 정보를 정리해 기억과 개념들 간의 관계를 마치 여러 장소들을 지도 형태로 저장하듯이 '인지 지도' 형태로 구성할 수 있게 된다.

우리 뇌의 해마는 일화와 공간을 기억하는 데 주요한 역할을 할 뿐 아니라 상상을 하는 데 있어서도 핵심적인 역할을 한다. 일화 기억은 사건에 대한 여러 기억 요소를 불러와 다시 재구성하는 것이고, 상상은 우리가 경험했던 일들을 바탕으로 새로운 시나리오나 미래를 시뮬레이션하는 과정이다. 이런 재구성은 경험의 신경적 표상neural representation을 다시 공간적인 장면과 연속적인 사건으로 연결하는 과정으로, 이는 기억 요소들을 결합하는 해마의 기능에 기반한다. 따라서 기억과 상상은 모두 과거의 기억을 꺼내고 재구성한다는 점에서 같은 뇌의 인지 메커니즘에 의존한다고 볼 수 있다.

06 꿈

내가 꾸는 꿈의 비밀

해마가 없는 환자는 일화 기억뿐 아니라 상상하는 능력도 크게 제한된다. 흥미로운 점은, 이러한 환자들의 꿈 역시 조각난 형태로 나타난다는 연구 결과가 있다는 것이다. 그렇다면 기억, 상상과도 비슷한 우리의 꿈은 어디서 나오는 걸까?

우리는 꿈속에서 모르는 사람과 사랑에 빠지기도 하고 처음 보는 풍경 속에서 하늘을 날기도 한다. 꿈에서의 감각과 감정은 현실처럼 생생하고, 비현실적인 시공간적 흐름조차도 자연스럽게 느껴진다. 꿈에서 깨면 몸이 잠들어 있는 동안에 의식만 다른 세계에 다녀온 듯한 느낌이 든다. 이러한 믿음은 몸과 영혼이 분리되어 있다는 심신이원론에 대한 믿음을 강하게 만든다.

해몽

아주 오래전부터 인간은 꿈에 큰 의미를 부여해 왔으며, 이는 한국도 예외가 아니다. 미래를 암시하는 예지 몽부터 아이의 미래를 점치는 태몽까지 꿈을 다양하게 해석해 왔으며, 많은 사람이 이런 의미를 중요하게 생각한다.

꿈에 대한 가장 유명한 해석으로는 프로이트나 카를 융Carl Jung으로 대표되는 20세기 초에는 정신과 의사들의 심리학 이론이 있었다. 그들은 꿈이 무의식 세계에 대해 중요한 정보를 주기 때문에 무척 중요하다고 믿었다. 그들은 꿈의 모든 요소에 과거의 경험이나 생각과 분명한 연결 고리가 있다고 믿었다. 이 요소들은 무의식적으로 처리되어 마음 깊이 숨겨져 있기 때문에 자신이 몰랐던 속마음을 알아가는 데 심리 치료가 도움이 된다고 주장했다.

물론 우리가 우리의 지각, 기억, 감정 대부분을 의식하지 못한다는 건 맞는 말이지만 꿈의 내용에서 의미를 찾는 심리 치료는 우울증이나 트라우마를 앓고 있는 환자에게는 오히려 위험할 수도 있다. 프로이트와 카를 융 이후 약 한 세기가 지난 지금, 우리는 꿈에 대해 얼마나 이해하고 있을까?

꿈은 '의식'이라는 더 큰 미스터리에 가려져 있어 아직 그에 대한 과학적 설명이 미흡한 편이다. 하지만 오랫동안 우리를 혼동하게 하고, 오해를 일으킨 꿈의 원리를 뇌과학자들이 조금씩 밝혀내고 있다. 현재 꿈을 이해하는 데 도움이 되는 두 가지 주요 관점이 있다. 첫 번째는 우리가 주로 꿈을 꾸게 되는 수면 단계인 렘수면rapid eye movement, REM의 기능이고, 두 번째는 기억과 상상의 신경학적 메커니즘이 꿈을 꿀 때 나타나는 뇌 활동과 어떻게 연관되는지다.

장기 기억 형성과 꿈의 상관성에 대한 의학적 기록들도 존재한다. 꿈이 렘수면 단계에서 일어난다는 사실이 널리 알려져 있지만, 렘수면이 왜 존재하고 왜 우리에게 필요한지는 아직 밝혀지지 않았다. 하지만 꿈이 일화 기억과 미래에 대한 상상을 담당하는 '해마'와 관련이 있다는 연구들이 늘어나면서 꿈의 뇌과학적 원리에 대한 이론들이 다시 활발하게 논의되고 있다.

렘수면이란 무엇인가

꿈을 뇌과학적으로 이해하려면 일단 렘수면에 대해 알아야 한다. 수면은 신체 반응과 뇌파가 변하는 몇 단계로 이루어진다. 잠이 든 후, 초반에는 숨을 천천히 쉬게 되고 몸에 힘이 풀리며 체온이 떨어진다. 또 맥박이 느려지고 뇌 활동 역시 감소해 우리가 흔히 생각하는 에너지를 보존하는 평온한 수면 상태로 접어든다.

잠든 후 약 90분이 지나면 우리의 뇌는 깨어 있을 때처럼 전반적으로 각성되고 감긴 눈이 무엇을 찾는 듯 움직이기 시작한다. 맥박과 숨이 빨라지고 불규칙해지며, 체온이 다시 상승한다. 의식이 없고 몸을 움직일 수 없지만, 특히 해마 부위의 활동과 안구 움직임이 깨어 있을 때와 비슷한 패턴을 보인다. 이러한 신체 반응이 약 20분 동안 주기적으로 나타나는 렘수면 단계를 사람들은 '역설적 수면paradoxical sleep'이라고 불렀다.

우리 집 반려견 핀이는 구조견으로, 두 살 때 입양됐다. 입양되기 전에는 매우 열악한 상황에서 태어나 형과 둘이 같은 케이지 안에서 살았다. 입양 후 며칠 동안 핀이는 형을 찾는 듯 계속 부엌에 있는 오븐의 유리문에 비친 자신의 모습을 옆에 두고 기대어 앉아 있었다.

핀이는 힘들었던 과거를 얼마만큼 기억하고 있었던 걸까? 꿈에서 보고 싶은 형을 만난 적도 있을까?

핀이가 잠을 자면서 꿈을 꾸는 듯 낑낑거리다가 갑자기 벌떡 일어나 창문을 향해 뛰어가서 짖는 걸 본 적이 있다. 여러분도 한 번쯤은 동물들이 잠을 자면서 꿈을 꾸는 듯한 모습을 본 적이 있을 것이다. 물론 잠을 자다가 실제 밖에서 나는 소리를 들은 건지, 꿈에서 들은 소리에 반응한 것인지 정확히 알 수는 없다.

휴식이나 수면 중 활성화되는 기억과 관련된 신경 세포에 대한 뇌과학적 지식의 대부분은 설치류 연구에서부터 시작되었는데, 꿈을 꿀 때 인간의 렘수면과 유사한 뇌파 패턴은 포유류와 조류는 물론이고 파충류에서도 나타난다. 이는 렘수면이 아주 오래전에 진화했을 확률이 높다는 것을 말해주는데, 꿈도 그러했을 가능성을 보여준다.

렘수면이 부족하면, 그다음 렘수면이 평소보다 길어지는 '렘 반동REM rebound' 현상이 나타난다고 한다. 렘수면 결핍이 계속되면 사망까지 할 수 있다.

우리에게 렘수면은 생물학적으로 어떤 의미일까? 이런 적응적 렘수면의 기능과 필요성이 꿈을 설명해 줄 수 있을지도 모르지만, 에너지를 절약하고 휴식을 취하는 수면 과정에 도대체 왜 뇌, 안구, 교감 신경이 활성화되는 렘수면 상태가 필요했던 걸까?

이 역설에 대해 몇몇 생물학자가 기발한 가설을 제시한 적이 있다. 그중 한 가설은 포식자에게 잡힌 동물이 '죽은 척'하는 듯 행동하는 긴장성 부동화tonic immobility가 변형된 것이 렘수면이라는 설명이다.

긴장성 부동화는 일부러 그런 행동을 하는 게 아니라 저절로 기절하게 되는 반응이다. 이는 도망치려고 움직일수록 더 흥분해서 이빨이나 발톱에 힘을 주는 포식자의 반응을 피하기 위한 마지막 생존 전략이라고 할 수 있다. 힘들게 잡은 사냥감이 죽은 듯 몸에서 힘이 빠지면 포식자는 숨을 돌리고 잠시 먹잇감을 내려놓을 것이다. 그 순간 깨어나 재빨리 도망갈 수 있다면 피식자는 살아남을 수 있다. 흥미롭게도 이러한 상태는 신체 반응 측면에서 렘수면과 유사한 점이 많다.

하지만 이 가설에도 문제가 있다. 왜 수면 사이클 중간중간 또는 주기적으로 이런 반응을 보이는지 그리고 포식자에게 잡혔을 때 자동적으로 일어나는 반응이라면 왜 휴식 상태인 수면 중에 에너지를 소모하는 현상이 나타나는지, 또한, 몸은 움직이지 않더라도 피식자의 뇌에서는 도망에 대한 시뮬레이션을 하고 있는 것인지, 렘수면 구간에 꾸는 꿈에도 그런 내용이 담겨 있는지 등, 여러 의문이 제기되고 있다.

꿈과 렘수면에는 생리적 관점뿐 아니라 뇌인지적 관점에서도 주목받고 있다. 특히 뇌가 기억과 관련된 정보를 처리하는 과정에 렘수면이 필요하다는 사실이 밝혀지고 있다.

기억과 렘수면의 연관성

우리는 가끔 현실과 너무 동떨어진 내용 때문에 꿈을 꾸는 중에 그것이 꿈임을 자각하기도 한다. 그런데 최근 연구들을 통해 꿈을 만드는 뇌의 신호들이 우리의 기억과 관련이 있다는 증거가 쌓이고 있다. 예를 들어, 시각장애인 중에 시각적 경험이나 관련된 기억이 없는 난치성 시각장애인의 꿈에는 시각적 내용이 없다. 실제 꿈에 나오는 사람들은 대부분 아는 사람이고, 실제 일어나지 않았던 일을 꿈꾼다 해도 꿈꾸는 사람이 개념적으로 전혀 이해하지 못하는 것들은 거의 나오지 않는다.

프랜시스 크릭은 의식뿐만 아니라 꿈에 관한 가설들

을 제안했다. 그는 렘수면이 무작위적인 활성 패턴을 생성하여 그보다 약한 패턴, 즉 불필요한 기억은 더 희미하게 지우고 그보다 강한 패턴, 즉 중요한 기억만 남기는 역할을 한다고 주장했다.

렘수면 중 깨어 있을 때와 유사하거나 더 높은 활성 패턴을 보이는 뇌 부위는 일화 기억을 생성하는 데 주요한 역할을 하는 해마와 감정 및 학습과 관련이 있는 편도체amygdala다.

강도 높은 학습을 하는 경우, 렘수면의 길이가 늘어나고 해마의 신경 세포들이 깨어 있을 때와 유사한 패턴을 보인다. 이뿐만 아니라 기억을 처리하는 데 중요한 신경전달물질인 아세틸콜린acetylcholine의 양이 늘어난다.

해마의 신경 세포들이 깨어 있을 때와 유사한 활동 패턴을 보이고 기억을 다시 활성화시킨다. 렘수면을 장기적으로 방해하면 기억이 저하되고 그중에서도 특히 복잡하거나 여러 요소의 연합이 필요한 기억 능력에 문제가 발생한다고 알려져 있다.

렘수면 중에 나타나는 복습과 유사한 뇌 활동은, 편도체의 감정 반응과 전두엽의 보상 정보를 기반으로 최근에 겪은 중요한 경험을 처리한다. 이를 통해 해마와 대뇌피질 간의 신경 연결을 강화하고, 해당 경험의 뇌 신경적 표상을 더욱 견고하게 만든다.

그럼 해마에 손상을 입으면 꿈을 꿀 수 없게 될까? 1960년대에도 기억 상실증 환자들의 꿈이 더 짧고 단순하며 반복적이라는 신경외과 임상 기록이 있다. 하지만 당시에는 고해상도 뇌 영상 기술이 발달하기 전이었기 때문에 손상의 위치를 정확하게 식별하기 힘들었다.

최근 연구에 따르면 오직 해마만 손상된 환자들은 꿈을 거의 꾸지 못한다. 꿈을 꾼다고 해도 이들의 꿈은 일반인의 꿈과는 본질적으로 다르다. 시공간적 요소나 스토리가 거의 없고, 생생한 느낌이나 감정 또한 없다고 한다.

꿈은 뇌의 정보처리 과정에서 의도하지 않게 만들어진 해석의 결과다. 그런데 꿈은 어떤 사건에 대한 기억에 기반한다는 점에서 상상과 별반 다르지 않다. 놀랍게도 우리가 꿈을 꾸도록 만드는 신경 네트워크는 일화 기억과 상상과 관련된 신경 네트워크와 일치하는 부분이 많다.

구글 딥마인드Google Deepmind의 설립자 데미스 허사비스Demis Hassabis는 뇌인지과학을 전공하던 시절 박사 학위 논문에서 해마가 손상된 환자들은 상상 또한 어려

위한다는 사실을 보고했다.[33] 그는 이 연구를 토대로 그의 지도 교수 엘리너 매과이어Eleanor Maguire와 함께 뇌가 기억을 생성한다는 이론에 기여했다.[34] 이러한 연구 과정을 통해 허사비스는 기억과 상상 같은 고차원적 인지 기능이 인공지능에도 중요하다는 깨달음을 얻었다.

렘수면과 꿈을 꿀 때 이뤄지는 기억의 연합 과정들은 창의성과도 관련이 있다고 한다. 그래서일까? 사람들은 미래에 대한 기대와 상상을 말할 때 "꿈을 꾼다"라고 말하는데, 여러 기억을 연합하여 떠올린다는 점에서는 틀린 말이 아니다. 차이가 있다면, 우리가 자면서 꾸는 꿈은 뇌 안에서 무작위적으로 일어나는 반응들을, 깨어난 후에 해석하려는 과정에서 특유한 상황과 사건을 재구성해서 '기억해' 낸다는 점이 다르다. 꿈은 자면서 꾸는 것이 아니라 잠에서 깨어난 후 지어낸 이야기라는 것이다.

우리는 엄마 뱃속에서도 꿈을 꿨을까

우리 인생에서 렘수면을 가장 많이 하고 꿈을 가장 많이 꾸었을지도 모르는 시기가 있다. 바로 신생아기다.

신생아는 자는 시간 중 50퍼센트(최대 9시간) 정도가 렘수면이다. 성인이 되면 그 비율은 20퍼센트로 떨어지고 나이가 들면서 서서히 줄어든다. 그 결과, 꿈의 빈도 역시 서서히 줄고, 꿈을 꾼다고 해도 꿈의 길이나 선명함이 줄어든다.

잠시 어린 시절을 떠올려보면, 확실히 어릴 때 꿈을 더 자주, 생생하게 꿨다. 나는 슈퍼마리오처럼 엄청 높이 점프할 수 있어서 산과 들을 날아다닌 적도 있고, 어릴 적 살던 집 부엌 밑에서 바닥을 뚫고 올라온 괴물과 싸워본 적도 있다. 깜깜한 밤에 배를 타고 다른 세계로 가서 신과 대화를 해본 적도 있고, 첫사랑을 만나서 예전에 서로 섭섭했던 이야기를 나누고 화해를 한 적도, 박사 과정 시험 중에 출력해 놓은 학위 논문들을 바닥에 떨어뜨리는 바람에 당황하며 지도 교수의 눈치를 본 적도 있다. 생각의 조각들을 다 섞어놓은 듯한 꿈들이다. 뜬금없고 의미 없는 요소도 있지만, 대부분 스토리가 있는 이미지였다. 물론 그 스토리들은 뇌 신경 세포들의 다양한 활성 패턴이 합쳐서 만들어낸 해석에 불과하다.

갓 태어난 신생아보다 출생 전 태아에서 렘수면이 더 많이 일어난다면, 경험이라고 할 것이 별로 없는 태아는 어떤 꿈을 꾸는 것일까? 성인의 꿈과 비교할 수 있을까? 렘수면은 깨어 있을 때와 비슷한 수준으로 뇌세포의 활성도가 높기 때문에, 발달의 관점에서 꿈은 뇌의 자기 주도적 활동을 유발하는 중요한 기능을 가진다고 볼 수 있다.

태아의 경우, 뇌와 감각 기관이 발달하는 과정에 있기 때문에 꿈은 자궁 내부 환경에서 받은 감각 신호에 반응하여 뇌 네트워크를 활성화하고 연결하는 과정으로 해석될 수 있다. 또한, 빠른 속도로 생성되는 신경 세포와 지속적으로 변화하는 뇌 구조, 그리고 학습과 새로운 경험으로 인해 태아는 더 많은 렘수면이 필요할 것이다.

꿈과 상상은 우리의 기억과 기억을 처리하는 과정에 의존한다. 이러한 요소들은 외부 세계에서 오는 감각 자극뿐만 아니라, 우리 내면의 생각이나 과거의 기억에서 비롯될 수 있다. 풍부한 상상력이란 다양한 경험과 자극을 바탕으로 새로운 상황을 상상하고, 창의적인 방법으로 문제를 해결하는 능력을 의미한다. 우리가 꿈을 기억할 수 있는 이유는, 꿈이 이러한 새로운 연합의 가능성을 우리에게 알려주는 역할을 하기 때문일지도 모른다.

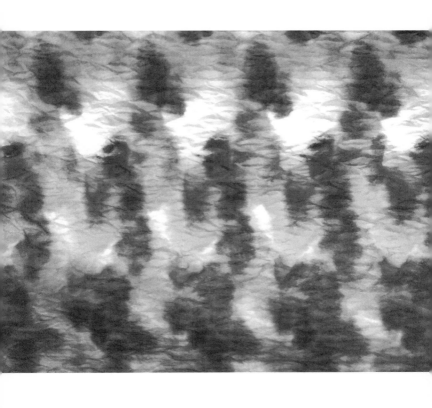

당신이 어젯밤 꿨던 그 꿈은 사실은 뇌가 기억과 상상을 뒤섞어 만들어낸 하나의
이야기다.

큰 자극 없이 흘러가는 우리의 하루하루는 시간이 흐를수록 점점 더 비슷하게 느껴질 수도 있다. 이런 일상이 무료하다고 느껴질 때 새로운 활동이나 이벤트로 활력을 주는 방법도 있지만, 만약 그것이 불가능하다면 예전에 있었던 좋은 일들을 추억하며 미래를 꿈꿔보는 것은 어떨까? 이 또한 건강한 해마 기능을 유지하는 데 도움이 될 것이다.

07 시간

뇌에는 여러 시간이 흐른다

현대 사회의 우리는 너무 바쁘다. 나의 경우도 하는 일이 너무 많아 모든 시간을 일에 쏟아부어도 모자라다고 느낄 때가 많다. 그 많은 미팅과 학회, 수업과 행사들로 차 있던 한 학기가 끝나고 나면 시간이 너무 빨리 지나갔다는 생각에 허무함이 몰려온다. 기분이나 상황에 따라 십 분이 한 시간처럼 느껴질 때가 있는가 하면 한 시간이 십 분처럼 느껴질 때도 있다. 대체로 나이가 들면서 시간이 점점 더 빨라지는 것처럼 느껴진다.

여행 중 시차에 적응하는 일은 쉽지 않다. 같은 시간을 자더라도 어떤 사람에게는 충분하게 느껴지지만, 어떤 사람에게는 여전히 부족하게 느껴지기도 한다. 우리

뇌는 시간에 대한 정보를 어떻게 다루길래 이런 현상이
나타나는 걸까?

우리 뇌는 여러 부분으로 구성되어 있지만, 모든 영
역이 하나의 '시계'를 기반으로 동일한 시간 정보를 활
용하지는 않는다. 예를 들어, 우리 신체는 24시간의 일
주기를 기준으로 다양한 활동 사이클을 반복하며, 뇌는
이를 통해 각성과 수면을 조절한다. 반면, 기억 속의 시
간은 상상과 인지 과정에 따라 짧게 느껴지거나 길게
느껴질 수 있다.

각기 다른 시간 정보는 서로 다른 기능을 위해 진화
했으며, 서로 다른 생리적 '생체 시계'에 의해 관리되
고 처리된다. 특히, 가장 민첩하고 정확하게 작동하는
생체 시계는 밀리초 단위로, 운동 신경을 조절하며 우
리 몸의 움직임을 정밀하게 통제한다. 뇌 부위 중 이렇
게 아주 짧은 시간을 다루는 소뇌cerebellum와 기저핵은
기계 체조나 피아노 연주처럼 빠르고 정확한 움직임을
학습하고 실행할 수 있게 한다. 이 부위들이 손상되거
나 정상적인 기능을 위해 필요한 신경전달물질인 도파
민이 결핍되면, 운동 신경 외에도 짧은 시간을 감지하
는 데 문제가 생긴다. 이런 현상은 파킨슨병에서도 나
타난다.

생명 자동 조율 시계, 일주기 리듬

모든 생물이 가지고 있어 생명의 기본적인 시계라 할 수 있는 일주기 리듬circadian rhythm은 수면에만 관여하는 것이 아니라 지구의 모든 생명체의 활동에 관여한다. 낮과 밤은 회전하는 지구의 물리적 속성이며, 햇빛은 생명체에게는 필수적인 요소일 뿐만 아니라 생명체의 활동 패턴을 결정한다.

식물, 미생물, 동물은 모두 일주기 리듬을 가지고 있다. 일주기 리듬이 있다는 것은 대략 24시간마다 반복되는 과정들이 있다는 말이다. 인간은 물론 초파리에게도 이런 주기적인 패턴이 유전적으로 프로그래밍되어 있고 햇빛과 같은 외부적인 요소에 따라 조율된다. 일주기 리듬은 여러 환경적 요인에 영향받지만, 특히 햇빛에서 에너지가 높은 파란색 빛의 영향을 많이 받는다고 알려져 있다. 겨울잠을 자는 동물들과 봄에 피는 꽃들 또한 온도보다는 빛을 감지해서 계절의 변화를 감지한다.

우리 눈으로 들어온 빛을 포착하는 신경 세포들은 일주기 리듬과 관련해 주요 뇌 부위라고 알려진 시상하부hypothalamus로 연결된다. 시상하부는 뇌에서 멜라토닌

melatonin이라는 호르몬 분출을 조절하는데, 멜라토닌은 대부분 밤 9시쯤부터 분출된다. 그 결과, 체온이 떨어지고 호흡이 느려지며 서서히 수면이 유도된다. 다시 새벽 5시 반쯤 멜라토닌 레벨은 저절로 줄어들기 시작하다가 빛이 감지되면 멜라토닌 분비가 억제된다. 날마다 낮과 밤의 길이가 달라지는 지구에서 멜라토닌 기작은 일종의 신체의 시계 조정 장치라고 할 수 있다.

늦은 밤에도 불빛에 계속 노출된 현대인의 뇌에는 멜라토닌 분비가 부족할 가능성이 있다. 그래서 요즘에는 휴대폰이나 컴퓨터에 블루라이트를 차단하는 기능이 있고, 안경에도 블루라이트 차단 코팅을 입힌다. 시차 때문에 힘들다면, 뇌 시계의 일주기 리듬을 고려해 불빛을 최대한 조절하고 바뀐 시간에 맞춰 멜라토닌이 분비될 수 있게 유도하는 것이 중요하다.

일주기 리듬은 우리의 수면-각성 사이클에만 관여하는 것이 아니라 하루 동안 이루어지는 일과에 대해서도 시계처럼 작동한다. 점심때가 되면 시계를 보지 않고도 밥을 먹을 시간이 되었다는 걸 느낄 수 있는 것처럼 말이다. 새나 쥐와 같은 동물도 일주기 리듬에 따라 학습이 가능하다. 예를 들어, 비둘기는 먹이가 오전과 오후에 다른 곳에 있는 경우, 외부 자극이나 신호 없이도 때에 맞춰 먹이를 찾을 수 있는 곳으로 간다. 심지어 한 연구는 다른 종의 세 마리 개미에게 매일 먹이 주는 시간을 며칠간 20분씩 늦췄더니, 놀랍게도 그 후로 매일 모든 개미가 이전보다 20분 늦게 밥을 먹으러 나왔다고 보고했다.[35] 우리의 일주기 리듬에는 조금씩 개인차가 있고 상대적으로 빠른 사람들은 아침형 인간, 느린 사람들은 올빼미형 인간일 확률이 높다. 그것을 고려했을 때 플렉스타임제는 꽤 과학적이라고 볼 수 있다.

우리가 느끼는 시간의 흐름

일주기 리듬처럼 뇌의 대부분의 '시계'는 우리가 의식하지 못하는 시간도 놀라울 정도로 정확하게 측정한다. 그러나 우리가 실제로 느끼는 시간은 주관적인 상황에 따라 달라질 수 있다. 두정엽parietal lobe은 숫자나 규모를 평가하는 데 중요한 역할을 하며, 특히 측면 부위는 시간과 관련된 기능을 수행하는 것으로 알려져 있다. 이부위는 특히 움직임의 타이밍이나 외부 자극의 타이밍을 예측할 때 활성화된다. 또한, 시간을 측정하고 비교하는 데 전두엽과 두정엽 사이에 위치한 운동보조영역

Supplementary Motor Area, SMA이 관여한다는 연구 결과도 있다.

과거에는 SMA를 주로 운동 기능과 관련된 영역으로만 여겼지만, 이 부위가 손상되면 움직임과 관계없이 리듬감이나 시간 인지 능력이 저하되는 것으로 밝혀졌다. 또한 전두엽의 일부인 배외측 전전두피질dorsolateral prefrontal cortex, dlPFC이 손상되거나 경두개 자기자극법transcranial magnetic stimulation과 같은 방법으로 뇌를 비활성화시키면 시간과 관련된 비교와 판단을 잘하지 못하게 된다. 즉, 두정엽은 시간의 분량(수와 유사한 개념)을 표상하는 데 필요하고, 전두엽은 시간을 비교하거나 분석하는 데 중요한 역할을 한다. 특히 전두엽은 시간의 길이뿐만 아니라 사건 순서에 대한 정보까지 다루기 때문에 일화 기억과도 관련이 있다는 것을 알 수 있다.

앞서 살펴봤듯이 뇌가 자동적으로 반응하는 시간 외에도 우리가 의식적으로 경험하는 일화적 기억의 시간이 있다. 그런 명시적 기억의 시간은 몇 초에서 몇 시간일 수도 있고, 어떻게 해석하느냐에 따라 몇 년까지 그 단위가 늘어날 수 있다. 우리는 객관적으로 같은 길이의 시간도 사람에 따라 아주 다르게 경험한다. 또한 실제 경험할 때 느낀 시간의 흐름과 순서를 나중에 다르

같은 시간도, 기억 속에서는 저마다의 길이로 남는다. 요하네스 페르메이르의 〈편지를 쓰는 숙녀와 하녀〉(1670)

게 기억하는 경우도 있다. 왜 이런 일이 일어날까?

시간 인지의 주관성은 기억, 주의, 감정 등이 시간 인지에 미치는 영향을 통해 이해할 수 있다. 일화 기억은 해마와 전두엽의 상호작용으로 일어나는데, 해마와 내후각 피질entorhinal cortex에 있는 뉴런들이 시간 흐름과 순서를 매우 정교하게 표상해 저장한다. 그런데 시간이 지나면 지날수록 그 기억들이 희미해지면서 시간의 길이가 압축되는 듯한 현상이 일어난다.

이러한 일화 기억의 특성 외에도 주의와 감정은 기억과 관련된 뉴런의 활동에 영향을 미쳐 우리가 느끼는 일화 시간episodic time을 좌우한다. 예를 들어, 우리가 처음 가는 목적지를 찾아갈 때와 그곳에서 다시 돌아올 때 느끼는 시간의 차이를 생각해 보자.

길을 찾아가거나 시간 약속을 맞추기 위해 신경을 쓸 때는 시간이 길게 느껴지지만, 아무 생각 없이 익숙한 길을 걸을 때는 시간이 훨씬 빨리 지나가는 걸 경험해 봤을 것이다. 이런 현상은 주의 집중을 하는 경우 정보량과 일화 기억이 늘어나 시간을 길게 느끼고, 주의를 다른 일에 빼앗기는 경우 일화 기억의 흐름이 끊겨 시간이 짧게 느껴지는 현상 때문이다.

시간과 감정의 관계도 비슷하다. 위협이나 불안을

느낄 때 우리 뇌는 빠른 대처를 위해 아드레날린과 에피네프린epinephrine을 분비하며 일종의 '터보 모드'로 들어간다. 이때는 특히 시각적 자극(예를 들어 다가오는 물체)의 속도가 느리게 느껴진다. 이처럼 감정으로 인한 일화 시간의 증가는 세 살짜리 어린아이들에게서도 관찰된다.[36] 이와 같은 현상이 시간을 측정하는 뇌 기능 자체가 변한 것인지, 감정과 주의로 인한 정보량이 많아져서 시간이 느리게 기억되는지는 아직 확실하지 않다.

몸집에 따라 다른 동물의 시간

어떤 일을 경험할 때는 너무 재미있어서 시간이 빨리 지나갔다고 느껴지지만 그 후에 그 일화가 매우 세부적으로 기억에 남아 시간을 길게 느낄 수도 있다. 이러한 주관적인 시간 개념은 인간에게만 존재하는 걸까?

반려견 핀이는 나이가 들면서 거의 잠만 잤지만, 활동이 많고 움직임도 꽤 날렵했던 시절이 있었다. 평상시에는 차분한 성격이었던 녀석도 풀밭에서 내가 따라잡을 수 없는 속도로 달리며 신나게 뛰놀았다. 대부분 인간은 자신이 동물보다 우월하다고 생각하지만, 우리는 파리나 바퀴벌레 같은 동물의 빠른 반응과 움직임을 따라잡을 수 없다. 이들은 시간을 어떻게 경험하길래 그렇게 짧은 시간에 우리보다 많은 정보를 지각하고 빠르게 반응할 수 있을까?

연구에 따르면, 작은 동물 대부분은 신진대사가 빠르기 때문에 정보처리 속도도 빨라 짧은 시간에 대한 반응이 우리보다 더 정확하다. 즉 정보를 더 많이 더 빠르게 처리하고 근육의 움직임까지 빠르게 조절할 수 있으면, 시간이 느려지는 듯한 효과가 일어난다 것이다. SF 영화에서 인간이 초능력을 가지면서 경험하는 현상과 비슷하다.

다른 동물도 우리와 마찬가지로 시간의 길고 짧음을 구별하고 그에 따라 행동을 바꾼다. 우리가 외출할 때 집에 남아 있는 반려동물은 주인이 잠깐 집을 비울지 아니면 오랜 시간 집을 비울지를 구분하고, 이에 따라 행동 및 감정 반응을 다르게 보인다. 그뿐만 아니라 동물도 기억을 순서대로 정리한다.

한 연구에 따르면 먹이를 숨겨서 저장하는 새들은 먹이(예를 들어 지렁이)가 썩는 시기를 고려해 어떤 먹이를 찾으러 갈지 선택한다고 한다. 우리보다 작은 동물이 느끼는 시간의 흐름이 더 느리다면 그것이 그들의 의사 결정이나 행동에도 영향을 미친다고 볼 수 있다.

자, 여러분에게 두 가지 선택지가 있다. 지금 당장 금한 돈을 받을 수 있고, 내일까지 기다리면 금 두 돈을 받을 수 있다. 여러분은 무엇을 선택하겠는가? 하루만 기다리면 금 한 돈을 더 받을 수 있는데도 대부분 사람들은 전자를 선택한다. 하지만 금 두 돈을 받으려면 1년을 기다려야 한다고 조건을 바꾸면 전자를 택하는 경향이 높아진다.

시간 지연 할인temporal delay discounting은 보상을 받을 때까지의 시간이 길어질수록 보상의 심리적 가치가 떨어지는 현상을 말한다. 보상 시간이 길어지면 같은 가치라도 더 낮게 평가하는 경향이다. 인간은 다른 동물들보다 보상을 훨씬 잘 지연하고 먼 미래를 위해 투자할 수 있는 능력이 있다.

우리는 차분히 기다리지 못하는 사람이나 동물을 보고 참을성이 없다고 비난하기도 하지만, 만약에 상황이 급격하게 변하는 환경에 놓여 있다면 보상을 지연하는 것이 이롭기만 할까? 다시 말해, 긴 보상 시간을 보장하기 어려운 상황이라면 그 약속은 공수표가 될 가능성이 크다. 아무리 큰 이익을 약속한다고 하더라도 공수표에 배팅하지 않는 것이 최선이다.

동물의 서식지나 식습관에 따라 가치가 달라지기도 한다. 예를 들어, 마모셋marmoset과 타마린tamarin은 남아메리카에 사는 두 종의 원숭이다. 두 종 모두 잡식인데, 마모셋은 주로 나무껍질을 벗겨 거기서 나오는 즙과 과일을 먹는 반면, 타마린은 주로 곤충을 잡아먹는다. 나무에 달려 있는 과일이 아니라 빠르게 도망치는 곤충을 잡기 위해서는 어떤 행동 습관이 더 유리할까? 이 경우 충동성이 이점을 갖는다. 손실 위험을 피하기 위한 무의식적인 직관이 작용한 결과라고 볼 수 있다.[37]

이와 유사한 상황을 실험실에서 동물에게 적용해 보면 일반적으로 신진대사가 느리고 크기가 더 큰 동물이 보상을 위해 더 오랜 시간을 기다릴 수 있다. 물론 크기가 같은 동물에서는 종 특성이나 환경 요인의 영향 등으로 개체 간의 차이가 존재하지만, 시간 지연에서 가장 유의미한 요인은 동물의 크기였다.

이에 대한 설명으로 신진대사와 에너지 섭취의 차이라는 생물학적 근거를 들 수도 있다. 작은 동물들에게는 시간을 지각하는 뇌인지적 메커니즘이 더 에너제틱하게 작동해 같은 시간이라도 더 길게 느껴진다는 해석이 가능한 것이다. 즉 작은 동물이 큰 동물보다 '참을성'이 없다기보다는 뇌 안의 시계가 '빨리' 돌아가기 때문에 더 빠른 행동을 보인다고 해석할 수도 있다. 이런 이야기를 하다 보니 반려견을 두고 종일 집을 비웠던 날들과 간식을 앞에 두고 기다리라고 명령하고는 반려견이 충분히 기다렸는지 내 기준에 맞춰 판단했던 일이 후회가 된다.

나이와 함께 변하는 시간 인지

어린아이의 경우, 해마-전두엽 네트워크가 형성되기 전에는 특히 시간의 흐름에 대한 기억이 매우 한정된다. 하지만 일화 기억의 발달과 함께 일화 시간에 대한 경험도 성인과 비슷해진다. 그렇다면 왜 나이가 들면서 시간이 더 빨리 가는 것처럼 느껴질까?

일상을 반복적으로 경험하면서 우리는 익숙한 경험을 하고 비슷한 생각을 하게 된다. 즉 경험의 생소함이 줄어드는 것이다. 젊을 때 다양한 경험을 하지만, 나이가 들면서는 정해진 생활을 크게 벗어나지 않는다. 이에 따라 일정한 범위 안에서만 사고하게 되고, 기억과 학습에 대한 뇌의 반응도 점점 줄어든다. 또한 학습, 동기부여, 새로운 경험을 추구하는 데 중요한 역할을 하는 도파민 분비량 역시 줄어든다고 한다.

익숙한 경험은 새로운 경험과 달리 기억을 형성할 필요도 없고 주의 깊게 관찰할 필요도 없어 기억해 내려고 해도 생생하지 않다. 이렇게 새로운 정보가 없는 시간은 해마를 거쳐 기억에 남지 않게 되고 나중에 당시를 떠올리면 시간이 빨리 지나갔다고 느끼게 되는 것이다.

우리는 코로나19 팬데믹을 겪은 3년 정도의 시간을 어떻게 기억하고 있을까? 이동이 제한되고 집이나 직장에서 컴퓨터 앞에 앉아 매일 반복되는 수업을 듣거나 회의를 하면서 일화 기억의 정보가 압축돼 시간이 빨리 지나갔다고 느낄지 모른다. 팬데믹이 지나가고 일상을 되찾은 지금도 매일매일이 반복되고 있지만, 그럴수록 지금 이 순간에 조금 더 주의를 기울인다면, 훗날 지금을 조금 더 선명히 기억할 수 있지 않을까?

사람들은 '오래' 사는 것을 중요시하지만, 각자 주관적으로 시간을 인지하고 기억하는 우리에게 몇 년이라는 것이 어떤 의미를 가지는지 의문이 들기도 한다. 연구와 일로 쌓여 있는 일들을 열심히 해나가면서도 동시에 가족들, 학생들과 조금 더 즐겁고 행복한 기억들로 나의 뇌를 채우고 싶은 나는 일화 시간 욕심쟁이일지도 모른다.

지각

보이는 것 vs 보이지 않는 것

나는 어렸을 때부터 냄새에 민감했다. 가끔 닭고기에서 나는 비린내나 깨끗하지 않은 행주로 닦인 식탁에서 나는 냄새에 특히 예민했다. 후각은 물질을 감지할 때 시각보다 더 원초적인 감각으로, 몸에 이롭고 해로운 것을 구분할 수 있게 해준다.

나는 내 민감한 후각이 눈에 보이지 않는 균들과 곰팡이에 대해 방어 역할을 한다는 것을 알게 된 후 이런 본능들을 가지고 있는 인간의 뇌가 참 기특하게 느껴졌다. 어른이 돼서도 정리정돈은 별로 좋아하지 않지만, 안 하게 되면 후각에 불편함을 주는 설거지, 음식물 쓰레기, 빨래 건조 등에 대해서는 꽤 신경을 쓰는 편이다.

하지만 이러한 인간의 기특한 감각이 무너지는 때가 있다. 냄새로 알아차리거나 눈으로 볼 수 없는 것을 상대해야 할 때다. 대표적인 예가 코로나19 바이러스다.

코로나가 시작한 당시엔 대전에 있는 카이스트에서 근무를 하고 있을 때였고, 연구실 학생들과 함께 마스크를 착용하고 소독을 철저히 했다. 모임 참석 후에는 자가격리를 한 후 출근 시간을 나눠 조정하기도 했다. 덕분에 코로나19 초기에는 학생들 중 코로나19에 걸린 사람이 없었다. 하지만 2021년, 훨씬 밀도가 높은 서울로 연구실을 옮긴 후 모든 연구실 학생들이 돌아가면서 코로나에 걸렸다. 우리는 코로나19 팬데믹을 통해 우리가 가진 직관의 한계를 온몸으로 실감했고, 그 대가를 호되게 치러야 했다.

사실 생물학적 시간으로는 찰나의 순간에 지나지 않지만, 인류의 역사에서 우리는 여러 감염병과 싸워왔다. 그런 감염병 중 인류 최초의 감염병은 천연두였다. 최소한 1만 년 전쯤부터 존재했다고 여겨지는 천연두에 대한 가장 오래된 기록은 기원전 1157년경으로 추정되는 이집트 파라오 람세스 5세 미라에서 관찰된 수포 자국이다.

천연두는 감기나 코로나19 바이러스와 같이 대부분

호흡기를 통해 전파된다. 감염 후 12일 정도의 잠복기를 거친 뒤 열과 구토 증세가 나타나고, 얼굴에 나타난 빨간 반점이 온몸으로 퍼진다. 며칠 후 이 반점은 수포로 변하고 수포에서 고름이 나온다. 결국 수포에 딱지가 앉고 흉터가 남게 된다. 당시 치사율은 성인 30퍼센트, 영유아 80퍼센트에 이르렀으며 살아남는다고 해도 시력 상실과 지체 장애 같은 후유증이 생길 확률이 많은 무서운 질병이었다.

전 세계적으로 5억여 명이 목숨을 잃은 것으로 추정되지만, 사실 천연두가 언제 생겼는지 정확하게 알 수 없기 때문에 실제로는 더 많은 사람이 천연두로 사망했을 것으로 보고 있다.

이렇듯 코로나19 이전부터 우리는 호흡기를 통해 전파되거나, 눈에 보이지 않는 미생물에 의한 감염병에 취약할 수밖에 없었다. 그뿐만 아니라 코로나19를 통해 직관적으로 이해할 수 없는 예방 조치나 치료법은 사람들의 거부 반응을 일으킬 수 있다는 것을 우리 모두 절실히 깨달았다.

백신을 거부하는 사람들

우리 대부분 코로나19 이전에는 직접 감염병의 유행을 경험해 본 적이 없다. 여기에는 명확한 이유가 있는데, 백신 접종, 위생 관리, 사회적 격리를 통해 오늘날 천연두나 페스트와 같은 무서운 감염병이 우리 사회에서 사라졌기 때문이다(페니실린과 같은 항생제는 1940년대까지 널리 사용되지 않았다).

지금으로부터 대략 40년 전인 1980년 5월에 세계보건기구World Health Organization, WHO는 공식적으로 천연두의 박멸을 공표했다. 1만 년 이상 이어졌던 병균과의 전쟁에서 인류가 승리한 것이다. 역사책에서는 이 승리가 예방 접종을 통해 쉽게 성취된 것처럼 그려지고 있지만, 사실 천연두의 박멸은 200년 가까이 걸린 긴 전쟁이었다.

영국의 의사 에드워드 제너Edward Jenner가 종두법에 대한 논문을 출판한 것이 18세기 말이었으니 말이다. 그런데 흥미롭게도 종두법은 11세기부터 중국에서 줄곧 쓰였다는 기록이 있고 16세기쯤 중동에서 종두법이 사용되고 있다고 영국 왕립학회Royal Society에 두 차례 보고된 기록도 있다. 하지만 당시 서양 사람들은 종두법을 받아들이지 않았다. 외집단에 대해 경계 태세를 취하는 인간의 사회적 본능 때문인지 종두법을 동양에서 온 비위생적인 치료법이라고 여겼기 때문이다.

16세기 동양의 종두법이 잊히고 100년 동안 많은 사람이 천연두로 계속 죽어가던 중에 한 가지 신기한 현상이 있었는데, 소젖을 짜는 소녀들이 간혹 우두에 감염되기는 했어도 천연두에는 걸리지 않았다는 점이다. 여기에서 힌트를 얻은 것이 바로 에드워드 제너였다. 이것이 치사율이 매우 낮은 우두로 사람을 감염시켜 천연두에 저항력을 생기게 하는 우두법, 즉 백신 접종vaccination(소를 뜻하는 이탈리아어 vacca에서 유래했다)의 시작이었다. 제너는 이 방법을 논문으로 발표했고, 역사는 우두법의 발견의 공을 제너에게 돌렸다.

우두법은 천연두 병균을 사용하지 않았기 때문에 위험도가 낮았음에도 당시 반대하는 사람이 많았다. 천연두와 같이 무시무시한 감염병에 걸려 죽는 위험을 감수하면서도 상대적으로 안전한 우두법을 거부하는 인간 심리의 기저에는 무엇이 있었을까?

첫째는 종교적인 이유다. 당시 동물에서 채취한 병균을 사람에게 옮기는 일은 비기독교적 행위로 여겼다. 두 번째는 당시 백신 반대론자는 의술과 과학에 무지했다. 그들은 천연두가 공기에 떠다니는 부패한 물체에서 발생한다고 주장했다. 세 번째는 신체에 대한 자율권에 대한 강한 신념이었다. 그들은 자신과 자녀들의 몸에 대한 권리를 강하게 주장했는데, 당국의 신체 통제에 대한 불신이 있었고, 백신 투여를 개인의 권리에 대한 침해로 받아들였다.

1850년쯤 영국에서 영유아의 사망률을 낮추고자 아이들의 천연두 백신 접종을 의무화했는데, 1885년 영국 레스터Leicester 지역에서 이에 분노한 8만~10만 명의 시민들이 몸에 대한 권리를 촉구하며 길거리로 쏟아져 나와 시위를 했다는 기록이 있다.

그럼에도 예방 접종의 확산은 그 후로도 계속되었고 1977년에 소말리아에서 천연두에 걸린 환자 이후 천연두는 세상에서 사라졌다. 하지만 사람들의 반대가 없었더라면 인류는 천연두로 인한 고통과 슬픔, 두려움에서 훨씬 일찍 해방되었을 것이다.

지금까지도 마스크 착용이나 예방 접종을 꺼려하는 사람들이 존재한다. 하지만 천연두가 얼마나 널리 퍼졌고 치명적이었는지를 고려하면 사람들이 질병보다 백신을 두려워했다는 사실은 놀랍기만 하다.

불과 몇 년 전 코로나19 바이러스가 확산되었던 당시

에 백신 거부 운동anti-vaccination movement도 위와 같은 이유로 지속됐다. 정치적 또는 종교적 이유나 의학의 객관성과 제약회사를 향한 불신, 백신의 필요성과 안전성에 대한 의심으로 말이다. 이러한 의심은 의사들 사이에서도 존재했다. 일부는 홍역 백신이 자폐증을 유발한다고 조작한 1998년의 연구 보고서[38]를 근거로 아이들 예방 접종을 거부하기도 했다. 하지만 사람들이 백신을 거부하는 더욱 단순하고 원초적인 이유가 있다. '혐오' 반응이다. 이는 감염에 방어하고자 하는 본능에서 비롯되는데, 사실 종두법 자체가 자연적으로 진화된 우리의 혐오 반응을 자극하는 방식이기도 하다.

종두법의 시작은 감염자의 몸에서 나온 딱지를 말린 후, 갈아서 코로 흡입하거나 감염자의 피부에 생긴 수포에서 짜낸 액체나 고름을 발라 (약해졌거나 위험성이 낮은) 병균을 효과적으로 옮게 하는 방법이었다. 아이러니하게도 가장 위험한 병을 예방하기 위해서는 혐오 반응과 거부 반응을 참고 병균이나 그와 유사한 병균에 감염돼야 하는 것이다.

여러분은 처음 예방 접종의 원리에 대해 알았을 때 어땠는지 기억하는가? 나의 경우, 중학생 때였고, 당시까지 가지고 있던 청결에 대한 직관이 무너졌다. 아무리 병을 예방할 수 있는 방법이라고 해도 아픈 사람이나 동물에서 나온 '병균 덩어리'로 인식되는 물질을 넣는다는 것은 그야말로 '생존 본능'을 위반하는 행위다. 처음에 종두법을 시도했던 사람들은 말 그대로 죽음을 각오해야 했을 것이다.

백신 거부자들의 본능도 크게 다르지 않을 것이라고 추측한다. 아이러니하게도 감염을 피하고 싶은 본능이 감염을 예방할 수 있는 방법 또한 피하고 싶게 만드는 것이다. 아무리 백신이 전염될 위험이 낮은 병균을 이용한다고 해도 내 몸 안에 주삿바늘을 이용해 바이러스를 주입하는 건 스트레스일 수밖에 없다. 예방 접종을 한다고 해도 100퍼센트 전염되지 않는다는 보장이 없기 때문에 어린아이에게 선뜻 주사를 맞게 하는 것은 힘든 일일 수 있다. 그럼에도 불구하고 사회 구성원 대부분이 예방 접종을 한다는 사실은 우리가 얼마나 이성적 사고와 사회적 규범을 통해 원초적 공포와 감정을 통제하며 살고 있는지 보여준다.

눈에 보이지 않는 바이러스와의 전쟁

과학적 지식과 이론이 없었던 시절에 인간은 어디까지 이해할 수 있었을까? 앞서 이야기했듯이 우리는 선천적으로 가지고 태어나는 핵심 지식 중에 물체들 간의 상호작용에 대한 직관 물리학을 가지고 있다. 신생아들은 물체가 연속적인 움직임을 보이고 고체의 형태를 띨 것이라는 기대를 가지고 태어난다. 또한 우리는 사물들이 충돌하면 움직임이 멈춘다거나 움직이는 '힘' 때문에 충돌하는 순간 밀리거나 튕겨나간다는 직관을 가지고 있다. 이런 이유로 우리는 눈으로 보이는 상호작용과 힘에 대한 이해가 높다.

반면 눈에 보이지 않는 작은 물질들은 이런 직관 물리학의 영역에서 벗어나기 때문에 이들에 대한 이해도가 상대적으로 떨어질 수밖에 없다. 앞서 말한 것처럼, 눈에 보이지 않는 작은 물질들을 감지할 수 있는 유일한 방법은 후각과 미각을 통해서다. 예를 들어, 우리는 몸에 해로운 물질의 냄새를 맡은 후에 뇌에서 일어나는 역겨움과 같은 혐오 반응을 통해 병과 관련된 비위생적인, 다시 말해 섭취하면 큰 문제를 불러올 물질을 피할 수 있다. 만약 그러지 못한 경우엔 음식을 맛본 후에 미각을 통해 그 성분을 추측하고 바로 뱉는다.

우리의 뇌가 감지하지 못한 해로운 성분은 장에서 배탈이나 구토를 통해 흡수하지 못하도록 만들기도 한다. 그러나 바이러스와 같이 눈으로 볼 수 없고 냄새로도 포착할 수 없는 대상에 대해서는 속수무책이다. 즉, 우리는 누군가가 감염 후 증상을 보일 때까지 우리 자신을 방어할 수 있는 방법이 없다. 코로나19 바이러스와 같이 증상이 나타났을 때는 감염을 피하기에 늦은 경우도 있다. 하지만 다행스럽게도 우리의 본능적인 행동 반응들이 진화하기 전에 발달한 '면역계'가 있다. 우리가 감염원을 인식해 감염되기 전에 재빨리 막을 수 없다면 결국 우리의 마지막 방어 체계인 면역계에 의지할 수 있다.

바이러스와의 전쟁은 본능에 의존하면 질 수밖에 없다. 우리는 현재 진행 중인 감염병의 자세한 인과관계를 들었다고 해도 타고난 직관 물리학 때문에 이를 잘 수용하지 못한다. 비말을 통해 직접적으로 감염되기도, 감염자와 직접 접촉 없이 물체를 통해 간접적으로도 감염되기도 한다. 감염이 되더라도 증상이 며칠 후에 나타나기 때문에 감염 즉시 알아차릴 수 없어 시공간적 개념에 혼동이 발생하기도 한다.

사회적 욕구를 추구하는 인간 특유의 집단적 성향은 감염 통제를 거의 불가능하게 만든다. 만약 인간 대부분에게 치명적인 병이 있다면, 감염 자체를 피하는 것이 불가능할 것이다. 이런 상황에서 치료법이나 백신이 개발되지 않을 경우, 유전적으로 감염이 안 되거나 그 병에 유리한 면역체계를 가지고 있는 사람들이 살아남아 번식을 이어가는 것은 자연의 이치다. 이 사실을 알아차린다면 최선의 선택은 항체나 백신을 통해 면역계가 문제를 해결하도록 돕는 것일지 모른다.

인간이 지혜롭다고 할 수 있는 것은 우리가 가진 고등 인지 능력을 통해 먼 미래를 예측할 수 있을 뿐만 아니라, 자신이 경험하지 않은 상황들도 타인의 경험을 통해 시뮬레이션할 수 있기 때문이다. 또한 우리는 직관보다 더 정확한 과학을 통해 병인과 치료에 대한 지식을 계속 쌓아가고 있다. 단, 인간의 뇌가 진화해 온 시간에 비해 과학 지식의 역사는 훨씬 짧기 때문에 과학적 사실을 이해하는 과정에서 우리의 오랜 직관을 의심할 필요가 있다.

위에서 우리의 사회성이 질병 감염의 위험을 높인다고 이야기했지만, 서로의 정보를 기록하고 공유해 온 이 사회성은 호모 사피엔스가 성공적으로 살아남은 요인 중 하나이기도 하다. 그렇기에 우리는 역사로부터 배운 교훈을 잊지 말아야 한다. 인류가 흑사병을 통해 어렵게 얻은 교훈은 감염병을 막는 데 위생과 격리quarantine가 핵심적인 역할을 한다는 사실이다.

이탈리아어 quaranta는 숫자 40을 뜻한다. 이 단어는 흑사병이 무섭게 퍼지고 있던 700년 전 베네치아에 도착한 배를 40일 동안 항구로 들어오지 못하게 하는 엄격한 격리법에서 유래했다. 그 40일이라는 기간은 경험과 오랜 세월 시행착오를 통해 얻은 지혜로, 현재까지 감염병의 전파를 막기 위해 반드시 이행해야 하는 의무로 자리 잡았다.

보이지 않는 적인 바이러스를 막는 데 우리가 얼마나 미숙한지 고려한다면 가시적이고 인지 가능한 바이러스의 잠재적 전파자로부터 우리의 환경을 보호할 필요가 있다. 감염되지 않은 많은 사람도 격리 대상이 되어야 한다는 점에서 효율적인 방법이라고 할 수는 없지만, 지금까지 그 어떤 방법보다 효과적이며, 특히 백신이나 치료제가 없을 때 최적의 방법이다.

백신 효과와 관련된 지침이 의심된다거나, 예방 접종에 대한 본능적인 두려움이 있는 사람이라면, 수백 년간 많은 생물학자와 의사가 공유하며 쌓아온 검증된 연

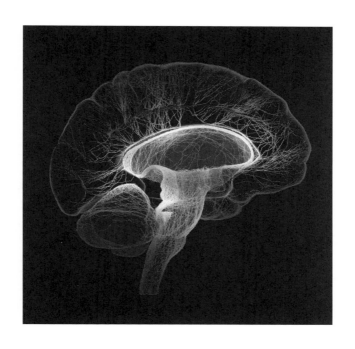

바이러스처럼 보이지 않는 위협 앞에서는 본능을 넘어 과학이라는 새로운 방식을 통한 접근이 필요하다.

구 결과와 의견을 참조해 보기를 권하고 싶다. 우리에게 아주 깊게 뿌리내린 인지 오류가 실행되는 것을 막는 데 도움이 될 것이다.

서로의 능력과 전문성, 진실성에 의존하는 것이 우리 인간이다. 서로의 신뢰를 바탕으로 진정한 과학적 지식을 쌓고 기술을 개발할 수 있는 사회적 기반은 무엇보다 중요하다.

09 편향

오류가 아닌 전략으로서 편견

인간은 아주 오래전 생존하기 위해, 굶어 죽지 않기 위해, 손해 보지 않기 위해, 혼자 남지 않기 위해 정확성보다는 안전한 선택을 하도록 진화했다. 이 과정에서 우리는 때때로 두려워하지 않아도 될 대상을 두려워하거나 미워하지 않아도 될 대상을 미워하기도 한다. 이는 편견이 작동한 결과인데, 희한하게도 이러한 우리의 편견들은 우리 자신보다 다른 사람들에게서 더 잘 보인다. 이 또한 우리가 가진 인지적 편향 중 하나다.

한국인의 인지 편향

1986년도에 나는 미국으로 이민을 간 후 30년 만인 2017년도에 한국에 다시 돌아왔다. 돌아온 직후, 한국에서 생활하며 한국 학생들과 뇌인지과학을 함께 공부할 수 있다는 데 기대가 컸지만, 한편으로는 오랫동안 한국에서 떨어져 있던 내가 잘 적응해 나갈 수 있을지 걱정스러웠다. 그러던 와중 신문에서 한 기사를 보게 되었다. 한국인 10명 중 9명이 "보고 싶은 대로 보고, 근거 없이 멋대로 생각하는" 인지 오류의 습관을 가지고 있고, 이러한 인지 오류들로 인해 한국인이 일상생활을 넘어 인생 자체에 대해서도 부정적인 편견에 사로잡혀 있다는 내용이었다.

처음 그 기사를 보고 그저 가십성 기사겠거니 하며 웃어넘겼다. 하지만 이 기사에 대해 이야기하는 사람이 하나둘 늘어나면서 나는 걱정과 동시에 어떤 이유에서 한국인의 91퍼센트가 인지 오류의 습관이 있다는 것인지, 어떤 데이터를 바탕으로 그런 결과가 나온 것인지 궁금해졌다. 혹시 이 기사 역시 작성한 사람의 인지 오류의 결과가 아닐까 하는 생각이 들기도 했다. 기사에 실린 연구를 살펴보니 한국보건사회연구원에서 2016년

말에 발행한 보고서 〈한국 국민의 건강행태와 정신적 습관mental habits의 현황과 정책대응〉을 인용한 것이었다. 분량이 672페이지에 달하는 그 연구는 남녀 1만 명을 대상으로 한 설문 조사 결과를 바탕으로 했다.

설문 조사 항목 중에서 인지 오류는 다섯 문항으로 측정되었는데, 그 문항들은 다음과 같았다.

- 임의적 추론 평가: 어떤 일을 결정할 때, 사람들이 내 의견을 묻지 않았다면, 그것은 나를 무시하는 행동인가?
- 개인화 평가: 내가 다가가자 사람들이 하고 있던 이야기를 멈췄다면, 나에 대해 안 좋은 이야기를 하고 있던 것인가?
- 선택적 추상화 평가: 하나를 보면 열을 안다고 생각하는가?
- 이분법적 사고 평가: 세상 모든 일이 옳고 그름으로 나뉜다고 생각하는가?
- 파국화 평가: 최악의 상황을 먼저 생각하는가?

인지 행동 치료Cognitive Behavioral Therapy, CBT를 처음 개발한 심리학자 에런 T. 벡Aaron T. Beck은 행동 치료에서 인지 왜곡cognitive distortion을 개선하는 것을 가장 중요한 점으로 여겼다. 정서적으로 형성된 습관이 정신 건강에 중요한 것은 맞다. 하지만 한국인의 91퍼센트가 이런 인지 오류의 습관을 가지고 있다는 결론은 어떻게 나온 걸까?

설문 조사는 각 항목을 '습관 없음(0점)'~'매우 강함(10점)'으로 측정하였고, '0점'을 제외한 모든 응답을 인지 오류의 습관이 있는 것으로 분류하였다. 다시 말해서 실험 참가자 중 위의 다섯 문항에 '0점'이라고 응답한 9퍼센트를 빼고 나머지 91퍼센트를 '인지 오류의 습관이 있는 사람'으로 분류한 것이다! 세부 결과를 보면 남성보다는 여성이 조금 더 많았고, 연령별로는 60대 이상이 현저히 많았기 때문에 보고서는 이 집단들이 우울 등 불안장애에 더 취약하다고 보고했다.

전체 응답자의 평균 점수는 6점 미만이었기 때문에 '0점'이라고 응답한 사람을 제외한 모든 사람이 인지 오류의 습관을 가진다는 결론이 나온다. 이렇게 허술한 결과를 언론에서 아무렇지 않게 보도했다는 점에서 놀랐다. 만약에 그와 같은 방식으로 우울이나 불안, 행복에 대한 설문 조사를 진행했다면 이 세상에 행복한 사람은 몇 명으로 측정할 수 있을까? 데이터를 면밀히 분석하고, 한국에서 나타난 수치가 다른 나라 국민과 어떤 차이점이 있는지 다방면으로 분석했어도 이와 같은 결론이 나왔을지 의문이 들었다.

인지 오류 다시 생각해 보기

심리학에서 인지 오류는 지각적으로 상황을 해석하고 반응할 때 정보가 부족하거나 불확실해서 나타나는 인지 편향 때문에 일어나는 현상이다. 앞에서 살펴봤듯이 인간은 본능적으로 인지 편향, 손실 회피와 현저성 편향을 가지고 있다. 인지 오류는 매우 일반적이다. 우리는 그런 편향을 가진 사람을 보면 '그 사람이 어리석다'라고 생각한다. 하지만 그 또한 오류일 수 있다.

과학적으로 보았을 때, 인지 오류는 아주 흥미로운 현상이다. 환경과 정서에 따라 개인마다 편차가 있기는 해도 거의 모든 사람에게 인지 오류 현상이 나타나고, 인간뿐만 아니라 동물에서도 비슷한 패턴들이 보인다. 현재는 인지 오류에 대한 뇌과학 및 생물학적 근거도 함께 연구되고 있다.

지능intelligence이란 궁극적으로 동물들의 행동을 생존과 번식에 유리하게 유도한다는 특징 때문에 수억 년 동안 자연선택 과정을 통해 진화해 온 것이다. 지각을 통해 세상에 대한 정보를 수집하고 분석해 어떠한 행동 반응을 산출할지 결정한다. 그 행동으로 개체들이 조금 더 오래 살고 건강한 자손을 낳아 키우게 하는 것이 뇌가 존재하는 이유라고 볼 수도 있다.

세상에 대한 정보를 처리하는 인지 과정은 고등 지능 수준의 의사 결정을 내리기 훨씬 전인 지각 단계에서부터 오류 투성이다. 뇌가 정보를 처리하는 방식이 적응적이기 때문에, 반드시 과학적 진실이나 사실에 대한 정확성과 일치하지 않을 수 있기 때문이다.

아이들은 고체에 대한 뚜렷한 직관과는 달리 액체의 양과 움직임에 대해서는 전혀 예측하지 못한다. 성인들의 경우에도 자신의 눈이 어떻게 기능하는지 잘 이해하지 못하는데, 많은 사람이 눈에서 나오는 레이저 광선으로 시각 정보를 읽는 것이라고 생각한다. 이 직관들은 분명히 잘못된 것이지만, 인지의 본래 목표는 사실을 밝히는 게 아니다.

우리의 뇌는 사실이 무엇인지 모르는 상황에서도 추론을 통해 때로는 불안감이나 두려움과 같은 감정을 일으켜 치명적일 수 있는 위험 요소를 피할 수 있게 하는 역할을 한다고 볼 수 있다. 예를 들어, 손실 회피처럼 보수적인 사고를 통해 우리의 행동을 조금 더 주의하게 되고, 현저성 편향을 통해 우리가 기억하고 있는 가장 위협적인 상황들을 피할 수 있다. 이런 이유로 대부분의 인지 편향이란 본능적인 정보처리 방식이라고 할 수 있다. 하지만 당신이 '인간의 인지 오류는 본능이니 어쩔 수 없고, 바꿀 수도 없지 않나'라는 생각이 들었다면 이 또한 우리의 인지 기능들을 정확히 이해하지 못해 발생한 오류일 수 있다.

인지 편향의 양면성

우리의 인지 편향은 사회적인 상황에서 가장 강하게 나타난다. 사회적 인지 편향 또한 인간이 살아가는 데 유리하게 작용했을 수 있다. 다음과 같은 상황을 상상해보자. 회사에서 내가 휴게실에 들어가자 직장 동료들이 하고 있던 이야기를 멈췄다. 왜 이런 일이 일어났을까?

여기에는 두 가지 가능성이 있다. 첫 번째는 동료들이 나와 공유하고 싶지 않은 이야기나 나의 뒷담화를 했을 수 있고, 두 번째는 나와 상관없는 말을 하고 있다가 이야기가 끝날 타이밍에 내가 휴게실에 들어갔을 수 있다. 만약 후자가 사실이라면 아무 문제 없겠지만, 전자가 사실이라면 내가 사회적으로 따돌림을 당해 아웃사이더outsider가 되는 것은 아닐까 생각하며 불안함과 소외감을 느낄 수 있다.

현대 사회는 동료들과 친하지 않아도 먹고사는 데 큰 문제가 없다. 하지만 작은 부족을 이루며 살던 옛날 우리 조상은 서로의 도움 없이는 살기 힘들었다. 이런 경우 식량, 안전, 육아에 도움을 못 받는 사회적 '왕따'는 생사가 걸린 아주 심각한 문제였다. 이런 상황에서 손실 회피적인 반응이 유리할 수밖에 없고, 따돌림에 민감한 것은 그 반응이 고스란히 반영된 것이다. 그리고 이로부터 유발되는 섭섭함, 슬픔, 분노, 질투 등의 감정들은 강한 동기가 되어 당신의 행동에 영향을 미친다. 싸워서 이기는 방법이 있겠지만, 그게 아니라면 그들과 관계를 회복해 인사이더insider가 되기 위해 노력할 것이다.

하지만 인사이더라는 개념이 양날의 검이라는 것을 짚고 넘어가야 한다. 사회적 인지 편향 중 하나인 내집단 편향in-group bias은 내집단과 외집단을 나누고, '나의 종족(내집단)'에게 협조적이고 이타적이지만, 외부인에게는 일단 경계하고 의심하는 적대적 반응을 일으킨다. 티셔츠 색으로 구분한 일시적 팀일지라도 동일한 반응을 보인다. 내집단에서 인정을 못 받아 정신적으로 힘들어하는 것도 비슷한 이유에서다. 사회적 관계가 그만큼 생존과 번식에 중요했고, 큰 영향을 미쳤기 때문에

우리가 가진 편향은 때로 사실을 있는 그대로 이해하는 데 방해물이 되기
도 하지만 우리가 신속하고 효율적으로 상황을 판단하는 데 도움이 된다.

과민하게 반응하는 것이다. 그래서 우리는 사회적으로 가치가 높은 사람으로 보이기 위해 신경을 쓰고, 많은 공을 들인다.

이러한 과학적 사실을 고려하면 나는 한국인의 인지 오류가 세계인의 정상 범위보다 높은지 잘 모르겠다. 한국에서 우울증과 불안장애가 심각한 사회적 문제인 것은 분명하다. 하지만 UN의 지속가능발전해법네트워크Sustainable Development Solutions Network, SDSN에서 발표한 〈세계행복보고서World Happiness Report〉에 따르면 지난 몇 년간 한국인의 행복지수는 그다지 낮다고 볼 수 없다. 2024년도에 조사된 바에 따르면, 조사에 참여한 143개의 국가 중 대한민국은 52위였다. 핀란드(1등)와 북유럽 국민이 10점 만점에 7점대로, 세계에서 가장 행복한 것으로 나타났고, 미국은 6.725점으로 23위, 우리나라는 일본(6.06점) 바로 아래인 6.058점으로 나타났다. 높은 점수를 가진 국가와 가장 큰 차이가 났던 항목은 '인생에서 중요한 의사 결정에 대한 자유도'였다. 하지만 매우 희망적인 것은 지난 3년 동안 미국과 캐나다의 경우 행복지수가 0.5점 이상 떨어진 반면 한국은 0.4점 넘게 올랐다는 점이다.

내가 하고 싶은 말은 앞에서 말했던 연구가 틀렸다는

것이 아니다. 다만 한국인의 인지 오류를 신문 기사나 미디어에서 말하는 것처럼 경제 및 정치적 상황, 정신 건강 문제로 치부하기보다는 더 근본적인 접근이 필요하다는 것이다. 인류 진화의 역사적 측면에서 볼 때 우리의 인지 오류는 그럴만한 이유에서 생겨났기 때문에 무작정 부정적으로만 해석할 일이 아니다.

오히려 외국에 오래 살았던 내가 경험한 한국인은 인지 오류보다는 너무 사회적인 것이 문제라면 문제일 수 있다. 우리는 그저 한 사회에서 함께 살아가는 많은 사람일 뿐인데, 한국인이라는 이유만으로 마치 한 부족처럼, 먼 친척처럼 대한다. 좋은 일이 생기면 가장 먼저 주변 사람들에게 고마워하고, 나쁜 일이 생기면 자신이나 그 일 자체보다 주변 사람에게 실망을 준 것 때문에 더 힘들어한다. 한 개인의 성공이나 잘못을 나라 전체의 자랑이나 망신이라 생각하기도 하고, 서로 욕하고 탓하다가도 정말 힘들고 어려울 때는 세상 어디에서도 보기 힘든 단결력과 희생정신을 발휘하기도 한다. 정말 한 가족처럼 말이다.

몇백 만 명이나 몇천 만 명으로 규모가 커져버린 현대 사회에서 예전의 몇십 명으로 구성된 부족 사회의 사고방식으로 살아가는 것은 스트레스일 수밖에 없다.

소규모의 부족에 적합한 인지 능력으로 대규모 사회에 적응하려다 보니 인지 오류와 편향이 그만큼 더 증폭된다. 이뿐만 아니라, 전 세계와의 경쟁을 유도하는 소셜미디어 때문에 사회적 감정이 이성적인 판단을 앞서기도 하고, 서로에 대한 사회적 의무감으로 비효율적인 행동을 할 때도 많다. 또한 동질성과 단합을 너무 강조한 결과 다양성이나 개인의 생각을 잘 받아들이지 못하기도 한다.

정신 건강에 해로운 인지 오류들을 줄이는 방법을 애써 찾을 필요는 있다. 하지만 오류 투성이라고 서로를 비난하기보다는 그 전에 우리의 역사와 문화의 특성, 우리의 사회에 조성된 불안이나 분위기, 그리고 인간의 기본적인 편향들을 고려해 우리가 가진 오류의 실체를 과학적으로 파악하려는 태도가 필요하지 않을까?

10 적응

스트레스가 뇌를 바꾼다

인간의 뇌에는 학습과 기억에서 잘 알려진 두 개의 네트워크가 있다. 하나는 요즘 인공지능 분야에서는 뇌를 모사하는 관점에서 강화 학습을 설명할 때 주로 언급하는 기저핵basal ganglia 중심 네트워크다. 뇌의 여러 부위와 연결되어 있는 기저핵 중심 네트워크는 특정 단서와 결과에 따른 보상을 통해 '자기 중심적egocentric' 관점에서 행동을 점차 학습하고 이를 자동화하는 기능을 한다.

반면, 두 번째 네트워크는 해마를 중심으로 작동하는 인지 기능이다. 해마는 공간 정보를 처리하여 인지 지도를 형성하며, 이는 '환경 중심적allocentric' 관점에서 기억을 조직한다. 이 네트워크는 과정보다는 목표에 초점을 맞추어, 인지 지도에서 지름길을 계산하듯 유연한 행동을 유도하는 것으로 알려져 있다.

행동을 결정하는 데 위 두 네트워크의 비중은 사람마다 개인차가 있지만, 일반적으로 스트레스를 받을 때는 해마 기반의 탐색적explorative 행동에서 기저핵 기반의 착취적exploitive 전략으로 전환되는 경향이 있다. 예를 들어, 어떠한 문제를 풀 때나 길을 찾을 때 새롭거나 효율적인 솔루션을 떠올리기보다는, 익숙하고 전에 많이 경험해 본 쪽으로 행동하는 것이다. 이러한 현상은 동물 연구와 인간 연구 모두에서 밝혀졌다.

스트레스는 어떻게 학습과 기억 시스템의 비중을 변화시키는 것일까? 편도체는 위험을 감지하면 즉각적으로 반응하여 스트레스 호르몬 분비를 유도하는데, 이때 편도체와 기저핵 간의 연결이 강해지고, 해마의 영향이 억제된다. 적응적인 측면에서 해마의 맥락적 인지 지도 형성과 기억 기능은 탐구와 문제 해결에 유리한 장점을 제공하지만, 강화 학습은 과거의 성공을 바탕으로 신속한 반응을 가능하게 하기 때문에 위급한 상황에서 더 유리한 전략일 수 있다.

진화의 역사에서 보았을 때, 약 2억 년 전 대뇌피질이 진화하기 전부터 존재했던 대표적인 두 학습 시스템은 현재 인간의 뇌에서도 기억과 행동에 기반을 이루고 있다.

스트레스로 해마와 기저핵 사이에 인지 전환이 일어나는 데는 분명 선천적인 측면이 존재하지만, 발달 시기에 부모나 사회적 환경이 주는 영향이 매우 크다. 어렸을 때 지속적으로 여러 스트레스를 받고 자란 아이는 생명에 큰 지장은 없더라도 결국 인지 기능과 신체 건강에 문제가 발생할 확률이 높다. 그렇다고 해서 아이들을 모든 스트레스에서 보호하고 온실의 화초처럼 키운다고 문제가 해결되는 것은 아니다. 감당할 수 있는 스트레스의 기준이 낮아지고 범위가 좁아져 결국에는 현실에 적응하기 힘들어질 수 있기 때문이다. 이 때문에 아이들에게 적정 수준의 스트레스가 필요하고 적절한 경험을 통한 부정적 감정과 긍정적 감정의 균형이 정서 발달에 매우 중요하다.

실제 어느 정도의 스트레스는 동기를 부여할 수 있고 퍼포먼스에도 긍정적인 효과를 준다. 목마르다고 느껴야 물을 찾게 되고, 공부해야 한다고 느껴야(예를 들어 시험) 공부를 하는 것과 같다. 힘든 일을 극복하는 경험은 회복 탄력성resilience 발달에 효과적이다. 하지만 과도한 스트레스와 지속적인 불안은 우리의 인지 유형을 바뛰놓을 수 있고 정신 질환에도 취약하게 만든다.

해마 기능을 계속 제어하고 보상 네트워크 중심으로 생활하다 보면, 새로움을 추구하는 인지 활동이 줄어들고 반복적인 보상을 좇게 된다. 보상으로 치우친 뇌는 부적응적인 버릇이나 강박 또는 중독에 빠질 수도 있다. 또한 지속적인 스트레스로 인해 편도체의 비정상적인 활성화가 발생하면, 해마의 기능이 저하되어 우울증이나 외상 후 스트레스 장애post-traumatic stress disorder, PTSD와 같은 정신 질환의 발병 위험이 높아질 수 있다. 이는 부정적인 기억이 과도하게 일반화되면서 정신 건강에 부정적인 영향을 미치기 때문이다.

몇 년 전, 사회적으로 큰 파장을 일으킨 아동 학대로 인한 사망 사건은 우리가 차마 인정하기 싫은 인간의 어두운 면을 보여준다. 표면적으로 드러난 사건만 해도 그렇게 많은데, 밝혀지지 않은 경우를 고려하면, 얼마나 많은 아이가 버거운 상황 속에서 힘든 나날을 보내며 살고 있을까? 많은 기사가 학대 아동의 물리적 환경에 초점을 맞추고 있지만, 인간 생애에 걸친 뇌인지 발달을 연구하는 사람으로서 살아남은 아이들의 이후의 삶이 더 염려된다.

지속적인 스트레스는 아이들의 뇌에 흔적을 남긴다.

뇌 발달 관점에서 소아 및 청소년기의 학대와 스트레스는 심각한 문제로, 한 사람의 뇌 작동 방식, 즉 그 사람 자체를 완전히 바꿔놓을 수 있다. 뇌인지 발달 과정에서 지속적인 스트레스가 아이들의 뇌를 어떻게 바꿀 수 있는지, 그것이 우리 사회에 어떤 가능성을 가지는지 우리 모두 다시 한번 생각해 볼 필요 있다.

뇌의 스트레스 반응

생애 초기 스트레스early life stress는 학대 외에도 물리적, 사회적, 재정적, 화학적 스트레스를 모두 포함한다. 어렸을 적 경험이 중요하다는 건 모두가 알고 있지만, 어렸을 때 보고 느낀 것들이 우리에게 어떻게 영향을 미쳤는지 기억을 통해서도 알 수 있다. 하지만 실제 아이의 정서 발달은 태어나기 전, 우리가 기억하기 전부터 선천적이고 환경적인 요인과 상호작용하며 일어난다.

인간은 평생 쓸 뇌세포를 가지고 태어나고 그 세포들이 죽으면 다시 재생되지 않는다는 이야기를 들어본 적이 있을 것이다. 사실 후각 기관과 해마에서 소량의 뇌세포가 생성되기는 하지만 태어나기 전인 태아 때 우리가 가지고 있는 뇌세포의 수가 최대인 것은 사실이다. 그런데 신생아의 아주 작은 뇌에 성인보다 많은 뇌세포가 존재한다는 게 직관적으로 이해되지는 않는다. 성인의 뇌가 아이보다 뇌세포 수가 많은 게 아니라면, 어떻게 아이의 뇌보다 크고, 인지 능력도 뛰어날 수 있는 것일까?

뇌 발달의 가장 눈에 띄는 특징 중 하나는 새로운 세포의 생성이 아니라 세포와 세포 사이에 회로를 만들고, 잘 연결된 부분의 세포들과 그 사이의 네트워크를 확장시키는 데 있다. 다시 말해 뇌 발달은 크기가 아니라 '연결'에 있다. 이는 커지는 것을 목적으로 하는 근육 발달과 다르다. 뇌의 경우는 정보를 전달하는 네트워크를 형성하는 과정에서 연결이 중요하며, 그 과정에서 쓰이지 않는 수많은 세포가 죽어 사라진다.

우리의 뇌는 어째서 이렇게 낭비가 심한 시스템이 필요로 했을까? 뇌는 설계도에 따라 부품을 정확히 연결해 만드는 전기 회로와 다르다. 뇌세포의 위치, 크기, 연결, 그리고 연결 강도는 미리 정확히 계획된 것이 아니다. 대신 인간의 뇌는 신호가 자주 들어오고 연결이 반복되는 부분은 강화되고, 반대로 큰 반응이 없거나 불안정한 부분은 활동량이 줄어들면서 자연스럽게 퇴행

한다.

메커니즘은 복잡하고 예측하기 어려운 뇌 속에서 정돈된 체계를 만들어내기 위한 자연의 놀라운 발명이라 할 수 있다. 따라서 경험을 통해 들어오는 자극은 뇌의 발달에 있어 매우 중요한 역할을 한다. 특히 어린아이가 기본적인 물리적, 사회적, 정서적 조건들이 지속적으로 충족되지 않거나 정신적 고통을 겪는 경험을 한다면, 정상적으로 발달하는 뇌와 다르게 반응하고 그 결과에 따라 뇌 회로가 형성된다. 이런 물리적 변화는 뇌안의 신호전달의 효율성뿐만 아니라 인지, 정서, 사회성, 의사 결정 등 아이의 운명을 좌우할 수 있다.

모든 스트레스가 항상 동일한 생리적 반응을 일으키는 것은 아니지만, 대부분의 스트레스는 편도체를 자극하여 시상하부-뇌하수체-부신피질 축hypothalamic-pituitary-adrenal axis, HPA axis을 활성화한다. 이 과정에서 코르티솔cortisol, 아드레날린, 노르에피네프린norepinephrine과 같이 흔히 '스트레스 호르몬'이라 불리는 물질들이 분비되어 맥박이 빨라지고, 숨이 가빠지며, 동공이 확장되고, 반응 속도가 빨라지는 생리적 변화를 유발한다.

급박한 상황에서 생존을 위해 고출력 모드로 들어가고, 더불어 근육의 긴장과 지혈 속도가 증가하며 통증 감각이 떨어지는데, 이를 통해 우리의 진화사에서 생존이 얼마나 치열했는지를 추측할 수 있다.

물론 단기간의 스트레스는 주의와 각성을 높여 퍼포먼스를 향상시키고 추후 비슷한 상황을 준비할 수 있는 학습 효과를 일으킨다. 하지만 투쟁 혹은 도피 모드가 지속되면 여러 문제가 발생한다. 먼저 높은 혈압으로 인해 심장 질환과 뇌졸중뿐만 아니라 에너지 보충을 위해 지방을 축적하고, 면역력이 저하되며 염증이 증가해 여러 건강 문제를 초래한다. 또한 스트레스 반응에 의해 분비되는 호르몬과 글루코코르티코이드glucocorticoid와 같은 스테로이드 성분이 장기간 뇌세포와 반복적으로 결합하는 과정에서 세포를 손상시켜 결국 치명적인 결과를 가져온다.

발달 측면에서 아직 성장하지 않은 뇌세포가 손상되면, 섬세한 회로를 형성하는 데 방해받을 뿐 아니라 스트레스에 대한 뇌 반응이 집중적으로 강화되기 때문에 위험하지 않은 상황에서도 스트레스 반응을 과하게 일으킬 수 있다.

다른 동물에 비해 긴 발달 과정을 거치는 인간의 뇌는 태아기부터 청소년기까지 단계적으로 뇌 부위 간 연결이 완성된다. 이러한 특성 때문에 스트레스의 영향은 발달 시기에 따라 다르게 나타난다. 예를 들어, 청소년기의 스트레스는 인지 제어와 같은 기능을 담당하는 전두엽처럼 늦게 발달하는 뇌 부위에 더 큰 영향을 미친다. 반면, 영유아기에 이미 발달을 완료한 뇌 부위는 비교적 스트레스의 영향을 덜 받는 것으로 알려져 있다.

반면 0~6세 때의 스트레스는 이 시기에 발달하는 기억 형성을 담당하는 해마나 감정 처리에서 중요한 역할을 하는 편도체의 기능을 손상시킨다. 스테로이드 수용체가 많은 해마는 그 크기가 줄어들고 활동이 저하되는 반면, 편도체는 과도하게 활성화된다. 다시 말해, 어릴 적 손상된 해마는 기억의 정확성을 떨어뜨리고, 편도체의 과민 반응은 공포와 불안을 증가시킬 수 있다.

영유아 시기에 뇌의 특정 부위가 손상되면, 이후 청소년기에 전두엽과의 신경 회로가 정상적으로 발달하지 못하게 된다. 이로 인해 학습 능력, 감정 조절, 상상력, 의사 결정과 같은 고등 인지 기능들이 더욱 비정상적으로 발달할 수 있다.

어린 시절 스트레스로 인한 비정상적 뇌인지 발달로 나타나는 인지 및 정서적 문제는 결국 성인이 돼서도 지속되고 우울증, 조현병, 공황장애, 약물 중독, 자살 등의 원인이 될 수 있다는 연구 결과가 계속 늘어나고 있다. 총 4만 4066명의 아이들을 대상으로 한 62개의 연구 결과를 종합해 보면, 어린 시절 스트레스를 겪으면 18세 전 우울증이 진단되는 확률이 2.5배 늘어나고[39] 해마의 기억과 보상회로 기능이 저하되어 성인기에 정신 질환과 중독, 알츠하이머병을 유발할 수 있다.[40]

할머니의 어린 시절 경험이 나에게 영향을 미친다

우리가 기억하지 못할 정도로 어릴 때 한 경험이 평생 우리 뇌의 기능과 정서를 좌우한다는 것이 놀랍기만 하다. 그런데 이보다 충격적인 사실이 하나 더 있다. 그것은 후성 유전으로 인해 대대손손 내려오는 스트레스의 영향이다.

오래전부터 아이를 가진 산모는 나쁜 것을 보거나 듣지 않는 게 좋고, 나쁜 마음을 먹는 것만으로 태아에게 좋지 않은 영향을 미친다고들 한다. 이러한 말을 미신처럼 여기는 사람도 있지만, 과학적 원리를 모르더라도 엄마와 아기가 연결되어 있기에 임산부의 마음과 태교가 중요하다는 건 우리의 경험칙과 일치한다.

실제로 엄마의 엄마, 즉 할머니의 젊은 시절 경험도

나에게 직접적인 영향을 미친다면 어떨까? 옛날 사람들은 이를 '팔자'나 '업'으로서 이해하고자 했을 것이다. 하지만 현대 과학에서 이러한 현상들이 생물학적으로 발생한다는 것이 밝혀졌고, 이와 관련한 많은 메커니즘 연구가 진행되고 있다. 실제 여러 번 증명된, 양육 환경이 한 개체의 정서와 행동에 직접적인 영향을 미친다는 점을 명확히 보여준 유명한 후성 유전학 연구가 있다.[41]

이 실험에 따르면, 스트레스를 많이 받아 불안한 어미 쥐는 새끼 쥐들을 돌봐주지 못한다. 그렇게 관리받지 못한 새끼 쥐는 어린 시절의 스트레스로 뇌가 비정상적으로 발달해 불안감이 높고 민감한 성향을 가진다. 결과적으로 불안한 어미 쥐 아래에서 자란 새끼 쥐 역시 자신의 새끼를 제대로 돌보지 못하는 어미가 된다. 그리고 이 표현형phenotype은 어미뿐 아니라 그전 세대에서 물려받았을 가능성이 있다.

우리의 DNA 자체는 경험으로 변화하지 않지만, 유전자의 발현을 활성화하거나 억제하는 메커니즘은 경험이나 환경적 요인의 영향을 받을 수 있다. 외할머니가 어머니를 임신했을 때, 지속적인 스트레스를 겪었다면, 그 스트레스는 발달 중이던 어머니의 뇌는 물론, 어

한 세대의 손길은 다음 세대의 뇌에 흔적을 남긴다. 양육은 감정의 기억이자, 생물학적 유산이다. 메리 카사트의 <목욕>(1893).

머니의 몸속에서 20여 년 후 아기가 될 난자에도 영향을 미칠 수 있다. 이는 어머니와 외할머니가 겪은 환경 변화로 인해 태아 속 난자의 유전자 발현이 변할 가능성을 의미한다. 결과적으로 아기는 수정되기 훨씬 전부터 외할머니와 어머니가 겪은 환경적 영향을 후성 유전적인 '업'으로 물려받는다고 할 수 있다.

나는 처음 이 사실을 접했을 때 꽤 충격을 받았다. 우선은 내가 어머니 자신보다 전반적으로 스트레스를 덜 받는 걸 보면 '어렸을 적 엄마가 날 안정적으로 잘 키워주셨구나' 하는 생각에 감사한 마음이 든다. 나는 과학자로서 어째서 생명체가 세대를 이어 영향을 받을 정도로 환경적 스트레스에 취약한 시스템을 갖추게 되었는지 궁금했다. 특히 환경 적응에 핵심인 뇌는 왜 이렇게 발달 과정에서부터 예민하도록 만들어질까?

직관적으로 이해하기 어려울 수도 있지만, 진화의 관점에서 본다면 이런 가혹한 환경에 대한 긴장도를 미리 올리고 대비하는 것은 오히려 생존에 유리하다. 많은 스트레스가 지속되는 환경에서는 행복감이나 고등 인지 능력보다는 불안과 반사적인 과민 반응이 생명체의 생존 가능성을 높일 수 있기 때문이다.

다행스럽게도 이 쳇바퀴는 심리적으로나 물리적으

로 안정되고 충분한 양육 환경이 조성되면 후성적 변화로 스트레스 이전 상태로 돌아갈 수도 있다.[42] 특히 쓰다듬어 주고 안아주는 등의 스킨십은 우리의 정서 발달에 매우 중요하다. 위 실험에서 실험자가 심지어 붓으로 아기 쥐들을 쓰다듬어 줘도 효과가 있었다. 서로 보호해 주고 돌봐주는 차원에서의 터치는 말보다 우리 뇌를 훨씬 많이 치유해 줄 수도 있다. 그래서인지 가끔 연구실 학생들이 미어캣처럼 옹기종기 모여 서로에게 기대는 모습을 볼 때 힘든 대학원 생활을 서로 의지하며 이겨내는 것 같아 마음이 따뜻해진다.

미래 우리 아이들의 뇌

현재 우리나라에서는 소아와 청소년의 신체 건강 발달에 많은 관심을 갖고 정밀한 검사가 진행되고 있지만, 뇌인지 기능 발달에 대한 검사는 미흡한 편이다. 인지 발달 장애는 일반적으로 아동기의 비정상적인 뇌 발달로 인해 나타나는 행동 및 증상을 통칭한다. 그러나 소아 및 청소년기에는 뚜렷한 증상이 나타나지 않더라도 신경이 비정상적으로 발달할 수 있다. 위에서 이야기했듯 행동만으로는 특정 뇌 부위가 둔화하거나 뇌인지 기능이 비정상적으로 작동할지를 예측하기는 어렵다.

지난 10년 동안 미국과 유럽에서는 사회적 스트레스와 정신적 스트레스가 아이들의 인지 발달과 뇌 건강에 어떤 영향을 미치는지에 대한 연구가 진행되고 있는데, 정부에서 지원하는 여러 대학과 병원들이 큰 컨소시엄을 이루고, 대규모의 데이터베이스를 기반으로 한다. 하지만 우리나라에서는 아직 이런 연구가 국가 차원에서는 이루어지지 않고 있다.

질병관리청이 조사한 통계에 따르면, 2023년 기준 만 19세 이상 성인 중 7.3퍼센트가 최근 1년간 이상 일상생활에 지장이 있을 정도로 우울감을 경험했는데, 청소년의 경우는 그 비율이 성인에 비해 3.5배 가량 높은 것으로 나타났다.[43]

"아직 아무것도 모르는 나이다" 혹은 "질풍노도의 시기이니까" 하며 넘기기엔 아이들의 정신 건강이 얼마나 중요한지 수많은 과학적 연구가 보여주고 있다. 이런 현실에도 불구하고 우리는 학업 성적이나 성과를 먼저 떠올리는 경우가 많다. 이제는 미래 사회의 구성원이 될 아이 한 사람 한 사람이 얼마나 소중한지를 진지하게 되새겨야 할 때다.

아이들의 발달은 힘든 환경과 경험에 취약한 만큼 회복과 재활의 효과도 크다. 아이들의 뇌인지 및 정서 건강에 대한 사회적 인식을 바꾸고 이를 보살필 수 있는 시스템을 마련하는 일은 우리의 미래를 위한 결정적인 투자일 것이다.

11 경험

뇌는 경험으로 확장된다

일부 과학자들은 인간의 특징으로 인지 제어와 운동 미세 조절 능력을 말한다. 우리는 입술과 혀, 손가락과 손목을 자유자재로 움직인다. 머리로 하는 시뮬레이션과 손을 이용해 우리가 목표하는 대로 환경을 변형시킬 수 있다는 점에서 우리는 도구를 만들 수 있는 소프트웨어와 하드웨어 모두를 가지고 있다고 할 수 있다. 그렇다면 인간은 어떻게 그와 같은 '손재주'를 얻을 수 있었을까?

이는 자신의 기억이나 생각을 기록하기 위함일 수도 있지만 인간의 또 하나의 특성인 사회성을 고려해 본다면 누군가의 머릿속에 있는 정보를 다른 사람에게 전달해야 할 필요성에 의해 발생한 선택압도 이유로 들 수 있다. 정보가 간단하다면 복잡한 언어 능력과 세밀한 기호를 쓸 필요가 없었겠지만 전달해야 하는 정보가 복잡하면 복잡할수록 도구 사용에 대한 필요가 커졌을 것이다.

그림이나 글자를 만들기 훨씬 전 우리는 소리, 즉 언어로 수없이 많은 기호들을 만들어냈다. 이 과정에서 다른 동물보다 입술과 혀를 세밀하게 움직일 수 있었다. 하지만 많은 생각 중에서 필요한 정보만을 선택하여 다른 사람이 이해할 수 있게 정리하고, 이를 언어로 표현한다는 것은 상당한 제어와 집행 능력, 사회 인지가 필요한 행동이다.

타인의 지식과 경험, 그리고 더 나아가 사회나 역사를 통해 정보와 지식을 전해받을 수 있다는 것은 인간을 개미나 꿀벌과는 생물학적으로 다른, 사회적 초유기체superorganism로 변신시켰을 것이다. 그리고 사회적 정보력과 더불어 필요한 조건을 찾아다니는 유목 사회에서 환경을 조작하여 자신이 필요한 조건을 만드는 농업 사회가 시작되면서 우리 선조들의 삶도 극적으로 바뀌었을 것이라고 추측할 수 있다.

더 큰 집단이 되면서 친족 단위를 넘어 타인과의 거

래, 협력, 친사회성과 관계 유지가 점차 중요해졌을 것이다. 그럴수록 서로의 생각과 정보를 교환해서 얻는 사회적 이익이 증가했고 이를 통해 언어가 등장하면서 문명이 시작되었다. 인간은 힘을 모아 함께 살아가는 방법과 환경을 만들어감으로써, 지구를 지배하고 빠르게 변화할 수 있었다.

식물은 햇빛으로 필요한 에너지를 조금씩 만들고 초식 동물은 식물보다 훨씬 많은 에너지를 쓰기 위해 많은 식물을 섭취하는 데 상당한 시간을 투자한다. 육식 동물은 힘든 머리 싸움과 몸 싸움을 이겨내고 초식 동물을 잡아먹기 위해 하루 종일 힘든 사냥을 한다. 인간은 지금까지 이야기한 '지능적 적응'을 통해 이런 사슬에서 벗어났다.

인간은 직접 체험하지 않고도 지금보다 좋고 나쁜 상황을 상상하고 분석하며, 그 결과를 시뮬레이션할 수 있다. 그리고 그중 유리하다고 판단되는 가능성을 상상하고 상상의 산출물로 직접 환경을 변형시켜 만들어 갈 수 있는 능력을 지녔다. 이처럼 인간은 공간 능력과 손재주, 서로의 경험과 학습 정보를 선택적으로 공유하고 협력할 수 있는 사회성을 가진 동물이다.

이런 본능들을 통해 우리는 언어와 논리, 지식 체계,

인간은 치열한 생존에서 벗어나 서로 경쟁하면서도 정보를 나누고 협력
할 줄 아는 사회성을 갖게 되었다.

과학이라는 것을 만들어냈고, 이를 통해 자연이 우리에게 제시한 생존이라는 과제를 쉽게 풀어낼 수 있었다. 하지만 문제는 거기서 끝나지 않는다. 생존을 걱정하지 않아도 되는 환경에서 살고 있는 우리는 그 대신 과거에 대한 후회, 미래에 대한 불안 등 머릿속 세상에 붙잡혀 또 다른 위기를 맞이하고 있는 것 같다. 생존이라는 과제에서 벗어난 우리는 이제 무엇을 위해 살아가야 하는가?

생존의 굴레를 벗어나 어디로

앞서 말했듯이 생존이라는 과제에서 벗어난 지금의 우리에게 생존과 번식을 위해 진화한 인지 능력은 불행의 원인이 되기도 한다. 자원이 모자라고 불확실한 미래에 대비해 더 많은 자원을 충족하고 싶은 욕구는 괜찮은 환경에서도 현재에 대한 불만족을 불러일으킨다.

우리 조상들에 비해 좋은 조건을 가지고 예전보단 훨씬 좋은 환경에서 태어난 우리는, 의학의 발달로 오래 사는 시대를 맞이하게 되었다. 그러나 그만큼 새로운 숙제도 생겼다. 노화하는 뇌, 그리고 뇌와 함께 변화하는 인지 능력과 정신 건강을 어떻게 유지할 것인가.

이제 우리의 삶은 단순히 오래 사는 것을 넘어, 어떻게 하면 최대한 행복하게, 최대한 많이 사랑하며, 가능한 한 병들지 않고 건강하게 오래 살 수 있을지를 고민해야 하는 시대로 접어들었다.

우리 뇌는 항상 변화한다. 물론 태어날 때부터 가지고 있는 핵심 기능들은 우리의 환경과 경험에 대한 효율적인 학습을 돕는다. 여기서 말하는 '학습'은 공부를 통해 모르던 정보를 단순히 습득하는 일상적 의미의 학습과는 다르다. 경험을 통해 뇌에서 일어나는 뉴런들의 활성 패턴이 저장되는 것이 '학습'이고 비슷한 상황에서 다시 활성화되는 것은 '기억'이라고 하는 것이 더 정확하다.

앞에서 살펴본 것처럼 뇌 가소성은 뇌의 특정 부분(또는 신경망)을 많이 쓸수록 더 강화되고 더 활성화되는 경향을 설명해 준다. 역동적인 환경에서 생존하기 위해서 뇌 가소성은 필수 조건이었을 것이다. 신기하게도 뇌는 변화에 능동적으로 적응하기 위해 기능을 대체하기도 한다.

특정 문제를 푸는 데 주요한 뇌 기능은 반복할수록 강화하는 반면, 그 기능이 뇌 손상이나 노화로 인해 역할을 제대로 하지 못하는 경우, 뇌는 다른 기능들을 재구성해 새로운 방식으로 보완한다. 완벽히 기능을 대체하지 못하더라도, 조금 변형된 방식으로 하루하루 생존할 수 있다는 것이다.

뇌 가소성은 뇌의 기본적인 특성이다. 우리가 의식하지 못하는 사이에 매 순간의 경험과 행동은 뇌를 조금씩 변화시키고 있다. 우리 의지는 크게 상관없다. 중요한 건 뇌가 주어진 상황에서 어떤 반응을 일으키냐는 것이다. 앞서 얘기했던 것처럼, 많이 쓰는 기능은 강화하고, 많이 쓰지 않는 기능은 약화하는 것이 뇌 가소성의 이치다. 많이 쓰이지 않는다는 것은 생활하는 데 필수적이지 않다는 뜻이기 때문에 굳이 계속 에너지를 낭비할 이유가 없다는 뜻이다.

아기들이 자신의 경험과 다른 언어의 음소나 다른 인종의 얼굴들 간의 차이에 대한 민감도가 떨어지는 것도, 오랫동안 연습하지 않은 악기나 운동 능력이 떨어지는 것도, 나쁜 습관이나 중독이 생기는 것도, 오래된 기억이 흐려지는 것 모두 뇌 가소성 때문이다.

항상 좋은 결과를 주지는 않겠지만 뇌 가소성은 우리의 인지 능력의 변화를 가능하게 한다.

해마… 써야 할까 말아야 할까?

쓸모없는 기능이 약해지기도 하지만 무미건조한 반복적인 생활도 우리의 인지 기능을 약화시킬 수 있다.

내가 연구하고 있는 해마는 아주 적은 양의 데이터나 경험, 때로는 단 하나의 사례만으로도 새로운 개념이나 기술을 학습하는 '원샷 러닝one-shot learning'을 가능하게 해주는 기관으로, 길 찾기나 일화 기억에 핵심적인 역할을 한다. 새로운 정보와 경험을 학습하는 단계에서 해마가 필수적인 반면 반복되는 상황이나 자극에는 기저핵이 주도적으로 활동하게 된다.

환경에 변화가 없다면 굳이 힘들게 새로운 방식으로 문제를 풀기보다 많은 인지적 자원이 필요 없는 익숙한 해결 방법이 더 효율적이기 때문이다. 또한 극한의 스트레스로 해마와 기저핵 간의 균형이 깨지기도 하기 때문에 익숙한 길로만 가고, 하던 일만 하면 해마를 쓰지 않고도 잘 살 수 있을 것이다. 하지만 경험이 쌓이고 예측 가능한 안정적인 삶을 살아가게 되는 노년의 시기에 편하고 규칙적인 생활이 꼭 우리 뇌에 좋다고 할 수는 없다. 중요한 변수가 하나 있기 때문이다. 길어진 인간의 수명이다.

의학이 발달하고 수명이 길어진 것은 기쁜 일이다. 하지만 해마는 노화에 가장 취약한 뇌 부위 중 하나다. 알츠하이머병도 해마의 세포가 죽게 되면서 생기는 증상에서 시작되고, 치매가 안 걸린다고 해도 40대부터 우리 해마 기능은 다른 뇌 부위에 비해 그 기능이 빨리 떨어진다. 점점 더 새로운 것을 배우기 힘들어지기도 하지만, 배우지 않아도 크게 문제가 없기 때문에 배울 필요도 없어진다. 하지만 해마를 쓰지 않으면 않을수록 문제 풀이 능력과 유연한 사고 능력이 떨어져 치매가 걸린다면 더 급격하게 나빠질 수밖에 없다.

기억을 못한다는 것은 자신을 기록하는 능력을 잃는다는 것이다. 아무리 오래 살 수 있다고 한들 뇌가 고장나 자신을 잃어버린다면 무슨 소용인가? 우리 모두의 큰 두려움이기도 한 알츠하이머병은 진단하기도 매우 힘들 뿐 아니라 치료제도 없다. 지금까지 수많은 약들이 개발되었지만, 진행을 늦출 수는 있는 게 전부다. 하지만 그렇다고 우리는 긴 수명, 그에 따라 점차 기능이 저하되는 해마 기능을 손 놓고 보고만 있을 수는 없다.

2000년, 영국 유니버시티 칼리지 런던(UCL)의 인지신경과학과 교수였던 엘리너 매과이어는 런던의 택시 운전사 자격시험을 통과하려면 복잡한 런던의 지도와

수천 개의 장소들 사이의 경로를 기억해야 한다는 것에 착안해 택시 운전사의 뇌를 MRI로 찍어서 일반 사람과 매일 같은 경로를 다니는 버스 기사의 뇌와 비교했다. 택시 운전사의 경우 해마 뒷부분이 제일 크고 가장 많이 활성화되어 있었다.

2024년 《영국의학저널The BMJ》에 실린 한 연구에 따르면, 택시와 구급차 운전사는 알츠하이머병으로 인한 사망률이 가장 낮은 직업군으로 나타났다.[44]

위 두 연구는 공간 탐색 활동과 같은 반복적인 훈련이 해마 기능에 긍정적인 영향을 줄 수 있음을 시사한다.

12 행동

나를 단단하게 만드는 뇌

2020년 6월 미국 식품의약국Food and Drug Administration, FDA은 8~12세 사이 아이들의 주의력결핍 과잉행동장 애attention deficit hyperactivity disorder, ADHD 치료를 위한 게 임형 디지털 치료제Digital Therapeutics로서 엔데버RxEndeavorRx를 승인해 큰 주목을 받았다. 보스턴에 위치한 아킬리 인터랙티브Akili Interactive에서 만든 이 치료제의 가장 놀라운 점은 겉으로 보기에 일반적인 게임과 크게 다르지 않다는 것이다.

캐릭터는 우주선을 타고 곳곳을 돌아다니며 외계인 을 잡기도 하고 날아오는 물체를 피하기도 한다. 캐릭 터의 레벨이 올라가면 새로운 게임 요소들이 등장한다.

실제 게임하는 것을 보고 있으면 꽤 재미있다. 보통 일주일 중 5일, 하루에 25분 정도로 처방이 내려진다고 한다. 보통의 아이들이라면 신이 나서 주야장천 할 것 같은 게임이 어떻게 아이들의 주의 집중력을 향상시키는데 도움을 줄 수 있는 걸까? 한편에서는 약물을 대체할 수도 있다고 주장하기도 하는데, 가능한 일일까?

요즘 매체에서도 화제가 되고 있는 ADHD는 뇌의 주의 집중을 제어하는 전두엽 시스템 중 일부 기능의 저하로 인해 자신이 의도한 대로 주의 집중을 통제하지 못하고 산만하며 충동적인 행동 증상으로 나타난다.

미국 질병통제예방센터Center for Disease Control and Prevention, CDC에 따르면, 미국의 2~17세 아이 중 약 10퍼센트가 ADHD 진단을 받는다. 이들 중 약 3분의 2 정도는 행동 교정이나 약물 치료를 받았지만, 나머지는 치료에 반응을 보이지 않거나 공격성, 자살 관련 행동, 심혈관 질환, 수면 장애, 의존성, 시력 장애, 신경 과민, 식욕 감퇴, 두통 및 어지러움 등의 부작용이 보고되어 어린아이의 지속적인 약물 치료와 관련해서는 상당히 많은 논란이 있다.

개인적인 원인을 정확히 파악하기 어려울 뿐 아니라, 전두엽은 오랜 시간에 걸쳐 발달하며 주의력 부족이나 과다 행동은 성장 과정에서 자연스럽게 완화될 수 있기 때문에, 발달 중인 뇌의 화학적 환경을 인위적으로 조절하는 조치가 장기적으로 어떤 영향을 미칠지는 여전히 불확실하다. 하지만 증상이 심한 경우, 신경전달물질의 비정상적인 분비로 인해 증상이 나타는 경우가 많기 때문에 기본적으로 약물 치료가 필요하다. 그렇기 때문에 게임화된 인지 치료의 최종 목표는 복용량을 조절하며 약물과 인지 훈련을 병행하다 서서히 약을 줄이며 스스로 조절 능력을 키우는 것이다.

엔데버Rx를 개발하는 데 미국 샌프란시스코 캘리포니아대학교의 신경과학자 교수 애덤 가잘리Adam Gazzaley의 연구와 그의 연구에 바탕이 된 인지심리학, 인지신경과학, 소아정신과학 전문가들의 노력이 숨어 있다.

실험 설계의 핵심은 개입 가능한 변인들을 통제하는 것인데, 지금껏 인지과학자들은 이를 위해 최대한 단순하고 반복되는 실험을 통해 주의 집중의 작동 원리를 포착하고자 하였다. 그러다 보니 대부분 연구에서 수행하는 과제들과 인지 훈련은 생각보다 재미가 없다. 점점 늘어가는 격자들 사이에서 동그라미의 위치를 기억하거나 주어진 숫자나 단어 목록을 기억하는 훈련을 반복적으로 하는 것은 일반 성인에게도 고도의 집중력과 강한 의지를 요구한다.

'기능성 게임'은 오래전부터 직업 훈련, 군사 훈련, 교육 등 여러 분야에서 사용됐다. 게임화의 목적은 중요한 뇌인지 훈련에 보상이나 사회적 요소를 포함시켜 사용자의 몰입도와 경험을 증진하는 것이다. 인지 발달 연구에서 게임은 아이들을 대상으로 실험하기 위해 항상 써왔던 방법이다. 예를 들어, 아동 3~5세를 대상으로 한 연구에서는 얼음땡과 같은 행동 제어 게임이나 시각적인 주의 집중 게임을 활용하기도 했다.

게임화된 인지 훈련이 모든 뇌 질환을 고치는 데는 한계가 있을 수밖에 없지만 게임화 인지 훈련은 변화에 적응하는 뇌의 기능을 고려하여 사용자가 의식하지 못하는 상황에서 중요한 기능을 훈련시킬 수 있다는 장점을 가지고 있다. 더불어 뇌인지 기능이 바뀌는 것을 정량화시켜 주는 지표들을 개발하여 사람들이 뇌 훈련을 통해서 자기 자신의 인지 기능과 감정 조절 들을 조금씩 바꿀 수 있다는 것을 알아차리는 것은 우리 자신의 잠재된 힘을 깨우쳐 주는 중요한 동기부여의 효과도 있을 것이다.

뇌 조절 기술의 미래

디지털 뇌인지 훈련 기술은 소프트웨어에 기반한 예방 및 중재 프로그램뿐만 아니라 다양한 센서나 웨어러블 디바이스를 연동시켜 뇌 신호를 포함한 생체 신호를 분석해 개인 맞춤형으로 뇌 조절을 가능하게 하는 새로운 뇌-기계 인터페이스의 접근이다.

앞으로 뇌인지 기능 장애에 대한 과학적 지식이 쌓이면 쌓일수록 뇌의 건강 상태를 프로파일링하는 게 가능해질 것이고, 그에 맞춘 디지털 어플리케이션을 통해 더욱 정확한 뇌인지 훈련을 진행할 수 있을 것이다. 특히 실시간 사용자의 실력에 맞는 난이도와 보상을 조절하는 알고리즘을 통해 개인화된 학습 효과를 끌어내는 전략을 사용한다면 분명히 뇌 기능을 향상 시킬 수 있을 것이다.

하지만 아무리 게임화된 훈련이라고 해도 사람의 마음이란 반복적인 일을 하기 귀찮아한다. 이에 더 직접적으로, 또는 더 빨리 뇌를 바꿀 수 있는 방법을 찾는 시도들이 있다. 예를 들면 뇌 특정 부위에 전기 자극을 준다거나 빛이나 소리 자극으로 뇌파를 유도하여 저절로 인지 기능을 강화시키는 것이다.

뇌의 발달과 노화 과정에서 일어나는 변화들에 대해 연구 중인 나는 연구실 학생들과 함께 뇌 기능을 향상시키기 위한 해마 심부 전기 자극을 사용한 신경 조절 neuromodulation 연구와 정서-인지 트레이닝 연구를 진행하고 있다. 이러한 연구들을 통해 알게 된 것은 전기 자극이 인지를 향상시켜 주기도 하지만, 오히려 수행 능력을 떨어뜨리기도 한다는 것이다.

어떤 상황과 어떤 종류의 자극을 사용하는지에 따라 결과는 달라질 수 있다. 뇌에 직접 자극을 주는 과정에서 여러 시행착오가 있겠지만 앞으로 꾸준한 연구를 통해 우리 실생활에 적용할 수 있는 뇌 공학기술neurotechnology이 개발될 것이다.

인지를 향상하는 기술을 개발하는 데 큰 관건은 특정 훈련이나 자극의 상황을 벗어나서 정상적인 인지 활동을 할 때도 뇌 기능을 강화시킬 수 있는가이다. 우리 연구실에서 진행하고 있는 연구 중 하나는 기본적인 길 찾기 기능으로 해마를 훈련시켜 그 기능을 활성화하고 일화 기억 능력까지 향상시킬 수 있는지 알아보는 것이었다.

연구 참가자들에게 실험실을 방문해 물체, 공간, 그리고 시간 순서를 기억하는 일화 기억 과제를 주고 동

기술과 인간이 맞닿는 지점에서 우리는 뇌의 또 다른 가능성을 발견할 것이다.

시에 기능적 자기공명영상법functional magnetic resonance imaging, fMRI을 촬영했다. 참가자 중 절반은 2주 동안 집에서 온라인 접속을 통해 가상 공간 안에서 여러 코인들의 위치를 기억하는 훈련을 하고 기억한 내용이 정확한지 평가를 받았다. 나머지 참가자도 동일하게 공간을 돌아다니며 코인을 수집했지만, 위치를 기억해야 하는 훈련은 주어지지 않았다.

2주 후 다시 참여자들의 뇌 활동을 측정했을 때 길 찾기 훈련을 잘 수행한 사람들의 일화 기억의 시공간적 요소들이 특히 향상된 것이 보였고 해마의 활성도와 활성 패턴이 강화한 것을 알 수 있었다. 비록 짧은 기간의 훈련이었지만 뇌의 작동 원리를 잘 파악하고 만든 훈련은 해마 기능을 향상시킬 수 있다는 새로운 가능성을 보여주었다.

나의 반려견 핀이는 노화로 시력을 잃어 집안 여기저기에 부딪히며 힘들어했다. 길을 가다가 제자리에 멈춰서 고개를 좌우로 천천히 젓는 이상 행동을 하기도 했는데, 추측건대 고개를 젓는 행동을 통해 방향에 대한 정보를 감지하려고 하는 것 같았다. 핀이가 일부러 이런 전략을 세웠을 가능성은 낮다.

핀이의 뇌에서 공간을 지각하기 위해 능력이 떨어진

시각 감각을 대체할 다른 감각 기관들의 연결을 강화하고 그 감각 정보를 더 효율적으로 수집하는 방향으로 변화가 일어났을 것이다. 눈이 나빠지고 있다는 걸 처음 알았을 때부터 주기적으로 시력 없이 길을 찾는 훈련을 시켰다면 눈이 더 나빠지기 전에 미리 청각이나 후각으로 공간을 더 잘 인지 할 수 있지 않았을까 하는 아쉬움이 남는다.

우리 자신과 가족의 삶을 오래 지키기 위해서는 뇌를 보호하고, 손상된 뇌를 최대한 회복시킬 수 있는 기술이 필요하다. 이를 위해서는 복잡한 뇌와 인지의 작동 원리를 과학적으로 깊이 이해할 수 있어야 한다. 이는 한 분야에 국한되지 않고 뇌인지과학과, 의학, 공학 분야 전문가들이 협력해서 함께 풀어가야 할 것이다.

13

지능

나에게는 왜 머리가 있을까

옛날부터 우리는 흔히 다른 사람보다 좋은 성적을 받거나 주어진 문제를 빨리 푸는 사람들을 보고 "머리가 좋다"라고 했다. 머리가 중요하다는 사실은 우리 모두 직관적으로 알고 있다. 여기서 더 나아가 왜 머리가 중요하다고 생각하는지 사람들에게 묻는다면 대부분 "뇌가 있기 때문"이라고 대답할 것이다.

뇌과학 관련 강연을 하는 자리에서 나는 종종 이 질문을 던지곤 하는데, 방향을 살짝 틀어서 왜 머리가 있는 거 같냐는 질문을 하기도 한다. 이 질문에 사람들은 어떻게 대답할까?

학생이든 전문가든 이 질문을 듣고 처음에는 당황한

다. 늘 있던 머리가 왜 있냐니. 일견 엉뚱해 보이는 이 질문은 뇌의 진화를 이해하는 아주 중요한 열쇠다.

우리의 뇌는 '지능'과 같은 정신적인 기능뿐 아니라 호흡, 맥박, 항상성과 같은 기본적인 생리 활동을 담당한다. 우리를 구성하는 세포 중에는 전기 신호를 통해 정보를 주고받는 뉴런은 약 5억 년 전에 해파리와 비슷한 동물에서 처음 진화했고, 점차적으로 한곳으로 모여 뇌의 형태를 갖추게 되었다. 수백억 개의 뉴런이 모여 형성된 인간의 뇌는 다른 기관들과 달리 매우 두꺼운 두개골이란 특수 보호 장치에 숨어 있다.

갓난아기를 자세히 보면 어깨나 엉덩이에 비해서 머리가 상당히 크다. 사실 아기가 태어나는 시기는 태아의 성숙함과 산모가 안전하게 분만할 수 있는 크기의 적당함 사이의 길항적인 선택압으로 정해진 것이다. 다시 말해 우리 머리는 너무 커서 어머니의 생명에 위협이 될 정도로 위험한 요소였다.

머리에는 뇌와 두개골만 있는 것이 아니다. 중요한 감각 기관인 눈, 코, 입, 귀도 달려 있다. 일부 동물에서는 조금 다른 변이가 나타나기는 하지만 대부분 동물은 우리와 똑같이 머리 쪽에 뇌와 주요 지각 기관이 몰려 있다. 아마도 여러 감각 기관의 정보를 빠르게 통합해서 처리하고 그에 반응하는 것이 유리하기 때문일 것이다.

그럼 조금 엉뚱해 보이는 질문을 하나 더 던져보자. 왜 머리는 몸의 아래가 아니라 위에 달려 있는 걸까? 인간의 경우 두 발로 걷기 때문에 머리가 위에 있으면 높은 곳에서 넓은 시야로 주변을 보는 게 유리하기 때문이라고 생각할 수 있다. 강연 중에 이 질문을 해보면 일부의 청중도 이 같은 답을 하기도 한다.

하지만 우리가 두 발로 서기도 전에 머리가 진화했다는 점에서 이는 올바른 접근이 아니다. 단도직입적으로 말해 우리 머리가 몸의 맨 위에 있는 이유는 머리와 몸통이 지면과 수평인 동물 종에서 진화했기 때문이다. 생물의 몸통은 대부분 원통형으로 길게 진화했는데, 그 이유는 해당 생물들이 한쪽 방향으로 움직였기 때문이다.

이제 그림이 분명해진다. 우리의 머리에 뇌는 물론이고 주요 감각 기관이 모여 있는 이유는 생물이 수평으로 움직이는 상황에서 앞쪽의 환경 정보를 포착해 상황을 파악한 뒤 빠르게 반응하는 데 적합했기 때문이다.

수억 년 동안 쌓인 지혜

우리는 인간의 특성을 선천적 형질과 후천적 형질로 나누는 데 익숙하다. 주요 철학자와 심리학자 들 역시 몇 세기에 걸쳐 종교, 윤리, 교육, 정치와 밀접한 관계가 있는 '본성과 양육'이라는 주제를 놓고 뜨거운 논쟁을 이어왔다. 두 진영 중 인간 본성에 방점을 둔 측은 상대적으로 더 조심스럽게 주장을 펼치곤 했다. 혹시 '결정론'으로 비칠 수 있기 때문이다.

생물학적인 관점에서 뇌와 지능에 대해 생각해 본다면 '선천과 후천' 혹은 '유전과 환경'을 둘로 나눠 생각하려는 것 자체에 오류가 있다. 생물의 형질이나 행동은 특정한 물리적, 사회적, 생태적 상황에 따라 선택된다. 어떤 면에서는 환경이 선택에 대한 결정권을 가지고 있으니 우리의 DNA에는 우리가 진화한 환경에 대한 정보와 역사가 함께 저장되어 있다고 할 수 있다. 이는 뇌인지 기능도 마찬가지다.

예를 들어, 우리의 시각 피질은 양쪽 눈에서 들어오는 정보를 매우 정교하게 처리하는데, 선의 기울기와 같은 이미지의 특징들을 자동적으로 표상하여 사물을 인식한다. 그런데 만약 초기 발달 과정에서 시각 시스템에 빛의 자극이 주어지지 않으면 정상적인 시각 기능을 위한 뇌 회로가 구현되지 않는다. 몇몇 사람은 외부 자극이 없으면 정상적인 발달이 이루어지지 않기 때문에 시각 기능이 후천적이라고 주장하기도 한다. 하지만 빛과 같이 정상적 발달 환경에서 태어난 거의 모든 개체가 겪는 자극이라면 과연 시각 기능을 경험에서 비롯됐다고 할 수 있을까?

많은 뇌과학자와 발달생물학자가 이를 '경험 기대적 발달experience-expectant development'이라고 부르며 흔히 학습만으로 진행되는 '경험 의존적 발달experience-dependent development'과 구분한다. '경험 기대적 발달'이란 빛같이 단순한 자극뿐만 아니라 어미의 얼굴이나 3차원 공간, 물체들 간의 상호작용과 같은 자극에 기반하는 뇌 기능의 발달까지 설명할 수 있다.

하지만 이를 내재된 기능과 학습된 기능의 차이라고 생각하면 더 헷갈릴 수 있다. 학습을 하려면 학습 기능 또한 가지고 태어나야 하기 때문이다. 조금 더 명확한 구분을 위해 뇌의 정보처리를 내제된 패턴과 학습된 패턴의 차이로 설명하면, 어떤 외부 자극이 주어졌을 때 이런 감각 정보를 처리하는 내재된 패턴이 있다면 선택적인 편향이나 기대를 일으킬 것이다. 그리고 그러한 성향은 물체에 대한 인식과 반응을 결정하게 된다. 결과적으로 그 반응 패턴이 적응적이고 개체에 유리하다면 진화 과정에서 선택되게 된다. 앞에서 살펴본 '핵심 지식'이다.

학습은 이렇게 유전적인 설계와 경험 기대적 발달을 통해 형성된 핵심 뇌인지 모델을 바탕으로 각 개체의 경험을 통해 시작된다. 예를 들어, 영양가가 좋은 먹이나 타인의 감정에 대한 반응이 대략적으로 설정돼 있다면 학습 기능들을 통해 해당 능력을 효율적으로 습득할 수 있다. 핵심 기능들이 완벽히 정확하지는 않지만 한 번의 실수가 생과 사를 가르는 급박한 환경에서는 필수 요소다.

반응적 행동에서 지능으로

앞서 언급했듯이 어린아이뿐만 아니라 다른 동물도 가지고 있는 직관적인 핵심 지식은 물리학, 생물학의 과학적 원리에 상반되기도 하지만 지구라는 환경에서 변하지 않는 요소들에 대해서는 생존에 유리한 행동과 예측을 유도했기 때문에 여러 종에서 안정적으로 나타난다.

우리는 이미 세상을 이해할 준비가 된 채 태어난다. 배움은 그 위에 쌓이는 경험일 뿐.

그러나 개체마다 환경이 다양하고, 빠르게 변하는 상황에서는 고정된 시스템이 자연선택을 통해 적응할 가능성이 크게 낮아진다. 그렇기 때문에 경험에서 학습된 정보의 패턴을 미래의 비슷한 상황에 응용하는 일은 생물이 환경의 여러 변화에 적응할 수 있게 해주는 필수 기능이다.

여기서 '학습'을 범용적인 도구로 간주해서는 안 된다. 예를 들어, 행동 절차, 시공간적 일화, 사회적 보상과 처벌 등은 뇌 네트워크와 입력 정보에 따라 각기 다른 메커니즘이 적용될 수 있기 때문이다. 학습과 기억은 인지 기능에 따라 구조나 기능적으로 서로 다르게 진화해 왔다.

지금까지 논의를 정리해 보면 지능의 인지 모델은 모든 개체의 생존에 바탕이 되는 핵심 지식과 개체에게 유연성을 제공하는 학습으로 나눠서 이해할 수 있다. 하지만 이와 같은 접근은 인간이 다른 동물과 왜 다른지에 대해서는 말해주지 못한다. 인간과 침팬지는 99퍼센트의 동일한 DNA를 공유한다고 하지만 1퍼센트로 인간 지능의 특성을 담을 수 있다는 게 쉽게 믿기지 않는다.

그럼에도 지능이 뇌와 관련이 있다는 점은 분명하다.

진화적 관점에서 최근이라고 할 수 있는 침팬지와 분기한 공통조상 이후 HAR1이나 FOXP2와 같은 유전자 변이가 생겨났고 이런 유전자들이 대뇌피질의 구조와 언어 능력 등 인간만이 가지고 있는 특성들과 관련이 있다는 증거들이 제시되었다.

하지만 하나의 유전자가 우리의 복잡한 행동들의 원인이라고 하는 것은 잘못된 생각이다. 어떤 특성의 정상적인 발현과 관련된 유전자가 맞다고 하더라도 그 특성의 생물학적 기능의 창발성emergent property을 설명할 수는 없기 때문이다. 컴퓨터 칩의 작동 원리만으로 우리가 쓰는 컴퓨터의 기능이나 어플리케이션의 용도를 설명할 수 없는 것과 같다. 우리 몸 안에 있는 하나하나의 개별적 세포들의 창발로 인간이라는 개체를 만들어냈다면 뇌의 구조적 특성에서 인간 지능의 답을 찾을 수 있을지 모른다.

진화하는 지능

대부분의 기본적 뇌 기능은 감각과 움직임에 필요하기 때문에 대부분 동물의 뇌는 몸집에 비례한다. 사실 모든 과학자가 인간의 뇌의 위대함을 자랑할 때마다 언급하는 수백억 개의 뇌세포들 중 70퍼센트에 해당하는 '소뇌'는 운동 기능에 가장 크게 관여한다고 알려져 있다. 그럼에도 불구하고 인간과 다른 영장류들은 몸 크기에 비해 비교적으로 큰 뇌를 가지고 있는데, 인간은 특히 뇌 전체가 더 클 뿐 아니라 더 큰 대뇌피질과 더 복잡한 연결망을 가지고 있다.[45] 이렇게 큰 뇌를 관리하는 데 우리는 에너지 섭취량의 약 20~25퍼센트를 사용한다. 인간 특유의 대뇌피질 확장으로 생겨난 인지 변화는 무엇일까?

인간의 전전두피질은 침팬지보다 약 세 배 크며, 이는 인간 뇌의 가장 중요한 특징 중 하나다. 특히 다른 뇌 영역들과 연결되어 있는 백질white matter에서 가장 큰 차이가 난다. 앞서 이야기했듯이 전두엽은 감정 조절이나, 가치 판단, 계획과 시뮬레이션, 집행 능력 등 인간의 고등 인지 능력에 필수적인 역할을 한다. 전두엽의 가장 결정적인 기능을 한마디로 정리해 보면 '제어'라고 할 수 있다.

외부 자극에 대해 반응하기 전 손 하나 까딱하지 않고 머릿속으로 시뮬레이션할 수 있고, 여러 뇌 영역에서 받는 정보를 결합하고 현재 상황에 대한 유리한 반응을 계산해 판단하는 것을 가능하게 해준다고 할 수 있다. 다시 말해, 당장 도망가거나 움직이는 반사적인 행동을 억제하고 여러 가능성에 대한 의사 결정을 먼저 하는 것이다. 이는 복잡한 상황들을 파악하고 먼 미래에 미칠 영향까지 고려해야 하는 상황에서 중요한 역할을 한다.

지금까지 인간의 인지 능력에 관해서 전두엽에 대한 연구가 가장 많이 되었지만, 최근 들어 두정엽의 중요성 또한 밝혀지고 있다.

머리 뒤쪽의 감각피질과 앞쪽의 전두엽 사이에 있는 두정엽은 오랫동안 공간에 대한 인지와 주의 능력에 중요하다고 알려져 왔다. 하지만 감각 정보를 연합하고 추상적인 관점이나 개념을 구축하는 과정에도 필수적인 영역이다. 예를 들어, 기억을 떠올릴 때 우리가 있는 공간이 아닌 가상 공간을 떠올려야 하고 감각 자극이 없는 상태에서 자극을 떠올려 연합해야 한다.

자신의 입장과 다른 사람을 이해하기 위해서도 상상력이 필요하다. 물체의 수나 크기를 파악할 때 다른 자극은 배제하고 필요한 정보에 집중해 정량화하는 일 역시 감각을 그대로 받아들이는 것을 넘어선 인지 과정이다.

추상적 사고 능력은 우리가 진화함에 따라 직접 체험하지 않은 상황을 여러 맥락에서 떠올리고 분석하는 기능이 향상되면서 발달했을 것으로 본다. 우리의 사회 인지에서부터, 수학 능력, 상상력, 메타인지 그리고 기호나 도구를 만드는 데도 두정엽이 매우 중요한 역할을 해오다가 인류가 다른 영장류와 분기한 이후 진화 과정에서 큰 변화가 일어났다고 본다.[46] 이러한 전두엽의 제어 기능과 두정엽의 추상적 사고 기능의 상호작용은 인간의 고차원적인 지능에 바탕이 되고 현실과 상상의 세계를 동시에 가능하게 만든다.

14 가치

본능을 넘어, 의미를 향해

나는 이 책을 통해 우리가 어떻게 생각하고 느끼고 의식하고 행동하는지, 왜 우리 인지는 정확하지 않고 비효율적이며 부정적으로 편향되어 있는지 그리고 그것을 어떻게 바꿀 수 있는지 묻고 답했다. 이를 통해 우리가 제일 잘 안다고 생각하지만 실제로는 정확히 알기 힘든 마음의 작동 원리를 이해하는 일에 조금이라도 도움이 되기를 바란다.

뇌인지과학에 대한 이해는 우리 자신과 타인 그리고 우리 사회를 좀 더 정확히 판단하기 위한 밑바탕이 되기 때문에 중요하다. 나는 여기서 더 나아가 궁극적으로 마음에 대한 이해가 결국 우리 각자에게 어떤 것이 가장 중요하고 무엇을 위해 살아야 하는지, 삶의 의미 또한 찾게 해줄 수 있지 않을까 기대한다.

우리는 자신이 속한 시대나 국가뿐만 아니라, 가족과 친구와 같은 여러 환경 조건에 따라 사회가 만들어놓은 관습을 기준에 맞춰 자연스럽게 가치관과 목표를 세우고 다른 사람들과의 상호작용을 통해 자신의 가치를 판단한다. 이런 기준들이 너무나 익숙한 나머지 우리는 다른 선택지가 있다는 사실조차 잊어버리고 그 틀에서 행복과 고통을 느끼며 매일을 살아간다. 이러한 점에서 볼 때 나의 중요한 '가치'가 무엇이고 그 가치를 실현하는 데 환경을 유연하게 조절할 수 있는 것이 지능이 도달할 수 있는 정점이 아닐까?

가치의 가치

생존을 위해 진화한 우리 뇌는 본능적으로 생존에 이롭거나 해로운 대상을 구분하는 능력이 있다. 단맛을 내는 음식은 영양분이 많을 가능성이 높고, 역겨운 냄새가 나는 음식은 부패했거나 몸에 해로울 가능성이 높다. 딱히 배우지 않아도 우리는 자연적으로 선호나 혐오 반응을 보인다. 이와 더불어 경험에 따라 좋고 나쁜 것을 학습하는 능력도 있다.

초콜릿 케이크를 한 번도 먹어보지 못한 사람이 있다고 해보자. 처음 그에게 초콜릿 케이크의 냄새나 색은 전혀 '맛있음'과 관련이 없을 것이다. 하지만 일단 맛을 본 사람은 케이크 자체만이 아니라 케이크의 냄새, 색, 촉감 등도 무의식적으로 선호하게 된다. 그러면 밸런타인데이와 같이 초콜릿을 떠올릴 수 있는 신호만으로도 강한 반응을 이끌어낼 수 있다. 이렇듯 우리는 타고난 기본 성향과 학습 능력을 통해 특정 대상에 대한 기호를 형성한다.

인공지능과 달리 동물은 생존과 번식에 대한 생물학적 조건을 기반으로 진화했다. 모든 생물은 에너지를 확보하고 환경에 적응하며, 번식에 성공한 개체만이 다음 세대에 유전자를 남긴다. 이런 본능적인 목적을 달성하기 위한 여러 종류의 세부 목표가 있다. 유념할 점은 한 기능적 영역에서 좋은 것(목적 달성에 유용한 행동과 자극)이 다른 영역에서는 전혀 도움이 되지 않고 오히려 해로울 수 있다는 사실이다.

예를 들어, 한 여우가 있다. 왼편에는 어린 새끼들이 금세 강물에 빠질 듯 위험하게 놀고 있고 오른쪽에는 토끼 한 마리가 뛰고 있다. 새끼도 보호해야 하고 먹이도 구해야 하는 여우는 어떤 선택을 하는 게 좋을까? 뇌는 여러 세부적인 동기와 감정적, 인지적 반응을 합쳐서 선택지에 가치를 매긴다. 이 과정을 의사 결정이라고 한다.

우리는 의사 결정을 의식적으로 한다고 생각하지만 실제로는 선택지에 대한 계산의 상당 부분이 무의식적으로 빠르게 일어난다. 이 때문에 행동을 하기까지 어려움이나 갈등을 많이 느끼지 않는다. 그래서 위와 같은 상황에서 여우는 두 선택지의 중요도가 비슷하더라도 머뭇거림 없이 빠르게 반응한다. 그래야만 재빨리 위험을 피하고 기회를 잡을 수 있다.

가치는 카멜레온과 같다

그런데 어떻게 자식, 번식, 영양 섭취와 같이 서로 영역이 다른 가치를 통합해 하나로 계산할 수 있는 걸까? 뇌는 어떻게 그와 같이 추상적인 비교를 할 수 있는 걸까?

지금까지 살펴본 바에 따르면 가치는 특정 순간에 긍정적 반응이나 행동을 유도하는 요인이라고 할 수 있다. 또한 가치의 크기는 원하는 바나 하고 싶은 바를 위해 자원을 투자하거나 위험을 감수하는 정도라고 할 수 있겠다. 따라서 무언가의 가치를 평가하기 위해서는 대상이나 행동이 가지는 이익의 크기와 보상의 확률, 이를 얻기 위한 노력과 시간에 대한 정보가 요구된다. 행동에는 여러 이유가 있을 수 있기에 이 같은 상황에 따른 중요성을 정량화해 비교가 필요한 것이다. 이렇게 가치를 정의하고 나면 가치 판단이 뇌의 어떤 기능과 상관 관계가 있는지, 학습과 경험이 이를 어떻게 변화시키는지 연구할 수 있다.

종합적인 가치 판단과 관련해 연구가 가장 많이 되는 뇌 부위는 전두엽의 가장 아랫부분에 위치한 안와전두피질orbitofrontal cortex, OFC과 복내측 전전두피질ventromedial prefrontal cortex, vmPFC이다. 감정과 기억을 다루는 변연계 및 도파민을 생성하는 보상 네트워크와 밀접한 부위인 전두엽의 뉴런들은 이익과 이로운 자극에 반응한다. 경험과 기억을 통해 현재 가치를 추측할 뿐 아니라 미래의 가치까지 예상한다. 특히 확률적 선택이나 어려운 선택을 하는 데 많이 관여하며, 물리적 대상뿐 아니라 정보의 가치도 계산한다는 연구 결과들이 있다.

가치와 선택이란 상황의 조건, 관점, 맥락에 따라 카

멜레온처럼 바뀐다. 앞서 살펴본 여우는 그날 자신의 상태와 컨디션, 새끼들의 영양 상태와 새끼들이 놓여 있는 위험의 심각성, 토끼의 먹음직스러움과 움직임 그리고 예전의 경험에 따라 선택을 바꾼다.

성숙한 가치관이란

우리 뇌는 여러 상황과 자극에 대한 가치 정보를 종합해 반응을 선택해야 한다. 하지만 모든 정보가 동일한 속도로 전달되는 건 아니다. 어떤 가치 정보는 아주 빠르게 전달되지만, 어떤 가치 정보는 전달되는 데 시간이 걸린다.

심리학자 대니얼 카너먼은 사람들이 합리적으로 선택을 하지 못하는 이유 중 하나가 뇌에서 정보처리를 할 때, 빠른 과정과 느린 과정이 동시에 일어나기 때문이라고 말했다. 문제는 가치를 평가하는 여러 요인 중 우리가 빠른 과정에 더 먼저 반응한다는 점이다.

조금 더 복잡한 정보처리의 결과는 행동이 시작된 뒤 한발 늦게 전달되는 경우가 많다. 그 결과 우리는 정확한 이유는 모른 채 느낌 혹은 단순한 논리에 의해 행동을 결정하게 되는 것이다. "시간을 갖고 생각해 볼게" 라는 말처럼 중요한 선택을 할 때는 빠른 감정적 반응 을 좇기보단 잠시 최종 결정을 미루는 것이 낫다.

그렇다면 우리는 어떻게 빠른 정보처리 결과만 가지 고 행동하지 않도록 반응을 통제하고 더 복잡한 계산의 결과에 귀 기울여 합리적 선택을 할 수 있을까? 이 질문 에 답하기 위해 주목해야 하는 부분이 배외측 전전두피 질이다. 예를 들어, 뇌는 무엇을 먹을지 선택할 때 음식 의 맛뿐 아니라 건강도 고려하는데, 배외측 전전두피질 의 활성은 여러 외부 정보를 통합해 가치 판단을 수행 하는 복내측 전전두피질이 건강 요소까지 고려하도록 영향을 미친다.

보상의 시간이 길어질수록 행동이나 자극의 가치가 떨어지는 '지연 할인' 현상도 이와 같은 뇌의 제어 기능 과 관련해 이해할 수 있다.

우리에게는 다른 동물보다 더 발달한 배외측 전전두 피질 덕분에 먼 미래에 투자하고 보상을 기다릴 수 있 는 능력이 있다. 하지만 선택의 상황에서 이 부위의 기 능이 제한되는 경우, 예를 들어, 인지 부하가 높거나 스 트레스를 많이 받았거나 잠이 모자랄 때 우리는 빠른 보상을 얻을 수 있는 충동적인 판단을 하게 된다.

앞에서 이야기한 감정이 야기하는 인지 전략의 변화와 비슷한 현상이다. 이는 복잡하고 추상적이고 느린 계산까지 고려하는 우리의 판단이란 결국 배외측 전전두피질이 여러 정보를 통합적으로 계산하고 통제함으로써 가능하다는 점을 보여준다.

그렇다면 이 부위의 기능이 덜 발달한 어린아이와 청소년의 경우는 어떨까? 소아나 청소년의 충동적이고 감정적인 행동을 볼 때면 아이들이 옳고 그름을 아예 모른다고 생각하거나 반항을 한다고 생각하기 쉽다. 사실은 뇌 발달 관점에서 보면 행동을 제어하고 가치를 통합하는 기능이 덜 발달한 것뿐이다.

아이들의 뇌에서는 여러 가치 간의 싸움이 일어날 때 행동 제어와 가치들을 통합하는 전두엽이 덜 발달해 보상 네트워크와 같은 빠른 계산들이 먼저 행동을 통제하고 만다.

전두엽과 보상 네트워크 간의 연결 회로가 건강하게 발달하도록 이끄는 청소년기의 환경과 경험은 아이가 성인이 되어서 어떤 가치관과 선택을 하는지를 좌우한다.

이처럼 감정과 가치에 대한 인지는 직관적으로 볼 때 분리돼 있는 것 같지만 뇌를 통해 서로 연결되어 있다.

우리 인간이 가지고 있는 신체적, 뇌인지적, 의식적 특성을 이해할 수 있다면, 우리는 우리가 느끼는 감정적 혼란 속에서도 자신에 대한 통찰에 조금 더 가까워질 수 있지 않을까?

빠른 보상을 추구하는 쪽으로 점점 더 치우치고 있는 요즘 세상에서 우리는 보다 성숙하고 균형 잡힌 정서와 가치관을 키우는 데 노력을 기울여야 할 것이다.

나를 이해하는 뇌과학

우리 인간의 뇌와 행동은 진화적 경쟁에서 살아남은 생존자들에게서 물려받은 기능들이다. 하지만 한 개인의 정신 세계는 생존과 번식에 대한 의식적인 목적보다는 일상에서 느끼는 감정과 동기로 가득하며 그로부터 파생된 목표를 쫓으며 살아간다. 그렇기에 의식적으로 우리가 우리 자신을 정확히 파악하는 건 너무 힘든 일이다.

우리의 가치관과 믿음 역시 자세히 들여다보면 우리가 생각하는 것처럼 분명하게 옳고 그름으로 나눌 수 있는 문제가 아닐 수 있다는 이야기다. 누군가는 이 사실이 허무하게 느껴질 수 있다. 하지만 우리의 지능을 통해 관점을 틀어서 보면 한순간의 깨달음만으로도 삶의 모든 것을 바꿀 수 있는 놀라운 가능성을 가질 수 있다는 의미기도 하다.

우리가 인식하는 우리 자신과 세상, 우리가 느끼는 행복과 실망, 희망과 불안은 어디서 온 것인지, 정말 바꿀 수 없는 진실인지 돌아보며 우리는 다시 생각할 수 있는 인지 능력을 지녔다.

나는 영화 〈매트릭스〉를 인상 깊게 봤다. 영화 속 주인공 네오는 자신에 대한 진실(실체)을 깨닫는 힘겨운 통찰 끝에 힘과 자유를 얻게 된다. 우리도 그럴 수 있지 않을까? 생물학적으로 인간이 다른 동물과 크게 다르지 않다는 관점으로 세상을 보게 되면 시야가 달라지고 그에 따라 가치관 또한 바뀔 수 있다.

과학자인 나는 본능과 오류, 발달과 변화라는 단어를 우려가 아닌 또 다른 가능성으로 바라본다. 생존의 걱정에서 벗어난 지금의 우리는 먹이사슬에서 해방된 존재에 걸맞게 지능을 의미 있는 방향으로 발휘하고 있는 걸까? 우리 뇌에 내재된 생존의 힘을 우리는 어떻게 잘 활용해야 할까?

서로를 제압하려 하는 것도 모자라 이제는 지구 생태

계를 위협하는 존재가 된 인류가 지금 현재 이 땅에서 누리고 있는 자신의 자유와 가능성을 알아차리고 다시 머리를 맞대야 할 때가 아닌지 생각해 본다.

갈매기 떼의 공격을 피해 바다를 향해서 온 힘을 다해 기어가는 아기 거북이, 굶주림 속에서도 새끼에게 먹이를 양보하는 어미 사자, 비틀거리면서도 끝까지 최선을 다해 살아낸 나의 반려견 핀. 그리고 힘들고 두렵고 혼란스럽고 때로는 실수투성이지만, 그럼에도 불구하고 도전하고, 치열한 경쟁 속에서도 서로를 지켜주며, 더 깊이 자신을 이해하고 나아지려는 사람들. 나는 그 모두의 모습 속에서, 생존을 향한 뇌의 본능과 그 안에 담긴 가능성에 매일 감동한다. 그것은 애틋하고도 경이로운 감동이다.

이 마음은, 사랑하는 사람들과 나 자신을 포함한 이 지구의 모든 생명체를 향해서 나의 진심이며, 뇌과학자로 살아가는 이유에 대한 내 고백이다.

생존을 넘어선 지금의 우리는 매일의 선택 속에서 의미를 찾고, 가치를 만든다.
그리고 그것이 우리를 나아가게 한다.

1. Scoville, W.B. and Milner, B., 1957. Loss of recent memory after bilateral hippocampal lesions. *Journal of Neurology, Neurosurgery, and Psychiatry, 20*(1), pp.11.

Milner, B., Corkin, S. and Teuber, H.L., 1968. Further analysis of the hippocampal amnesic syndrome: 14-year follow-up study of HM. *Neuropsychologia, 6*(3), pp.215-234.

2. Valins, S., 1966. Cognitive effects of false heart-rate feedback. *Journal of Personality and Social Psychology, 4*(4), pp.400.

3. Libet, B., Gleason, C.A., Wright, E.W. and Pearl, D.K., 1983. Time of conscious intention to act in relation to onset of cerebral activity (readiness-potential) the unconscious initiation of a freely voluntary act. *Brain, 106*(3), pp.623-642.

4. Hanslmayr, S. and Staudigl, T., 2014. How brain oscillations form memories—a processing based perspective on oscillatory subsequent memory effects. *Neuroimage, 85*, pp.648-655.

5. Harris, S., 2012. *Free will*. Free Press.

6. 앤드루 슈툴먼. 김선애, 이상아 옮김. 2023. 《왜 우리는 세계를 있는 그대로 보지 못하는가?》, 바다출판사.

7. Mezulis, A.H., Abramson, L.Y., Hyde, J.S. and Hankin, B.L., 2004. Is there a universal positivity bias in attributions? A meta-analytic review of individual, developmental, and cultural differences in the self-serving attributional bias. *Psychological Bulletin, 130*(5), pp.711.

8. Tipper, S.P. and Cranston, M., 1985. Selective attention and priming: Inhibitory and facilitatory effects of ignored primes.*The Quarterly Journal of Experimental Psychology, 37*(4), pp.591-611.

Egner, T. and Hirsch, J., 2005. Where memory meets attention: Neural substrates of negative priming. *Journal of Cognitive Neuroscience, 17*(11), pp.1774-1784.

9. Nowak, M.A., Tarnita, C.E. and Wilson, E.O., 2010. The evolution of eusociality. *Nature, 466*(7310), pp.1057-1062.

10. Warneken, F. and Tomasello, M., 2008. Extrinsic rewards undermine altruistic tendencies in 20-month-olds. *Developmental Psychology, 44*(6), pp.1785.

11. Wynn, K., Bloom, P., Jordan, A., Marshall, J. and Sheskin, M., 2018. Not noble savages after all: Limits to early altruism. *Current Directions in Psychological Science, 27*(1), pp.3-8.

12. Sugita, Y., 2008. Face perception in monkeys reared with no exposure to faces. *Proceedings of the National Academy of Sciences, 105*(1), pp.394-398.

13. Boron, S., 1995. *Mindblindness. An Essay on Autism and Theory of Mind*. MIT Press.

14. Woodward, A.L., 1998. Infants selectively encode the goal object of an actor's reach. *Cognition, 69*(1), pp.1-34.

15. Gergely, G., Bekkering, H. and Király, I., 2002. Rational imitation in preverbal infants. *Nature, 415*(6873), pp.755.

16. Reader, S.M. and Laland, K.N., 2002. Social intelligence, innovation, and enhanced brain size in primates. *Proceedings of the National Academy of Sciences, 99*(7), pp.4436-4441.

17. Van Schaik, C.P. and Burkart, J.M., 2011. Social learning and evolution: the cultural intelligence hypothesis. *Philosophical Transactions of the Royal Society B: Biological Sciences, 366*(1567), pp.1008-1016.

18. Singer, T., Seymour, B., O'Doherty, J.P., Stephan, K.E., Dolan, R.J. and Frith, C.D., 2006. Empathic neural responses are modulated by the perceived fairness of others. *Nature, 439*(7075), pp.466-469.

19. Hamlin, J.K., Wynn, K., Bloom, P. and Mahajan, N., 2011. How infants and toddlers react to antisocial others. *Proceedings of the National Academy of Sciences, 108*(50), pp.19931-19936.

20. Rakoczy, H., 2022. Foundations of theory of mind and its development in early childhood. *Nature Reviews Psychology, 1*(4), pp.223-235.

21. 조지프 르두. 박선진 옮김. 2021. 《우리 인간의 아주 깊은 역사》, 바다출판사.

22 Baron, A.S., 2015. Constraints on the development of implicit intergroup attitudes. *Child Development Perspectives, 9*(1), pp.50-54.

23. Farroni, T., Johnson, M.H., Menon, E., Zulian, L., Faraguna, D. and Csibra, G., 2005. Newborns' preference for face-relevant stimuli: Effects of contrast polarity. *Proceedings of the National Academy of Sciences,*

102(47), pp.17245-17250.

24. Kelly, D.J., Quinn, P.C., Slater, A.M., Lee, K., Gibson, A., Smith, M., Ge, L. and Pascalis, O., 2005. Three-month-olds, but not newborns, prefer own-race faces. *Developmental Science, 8*(6), pp.F31-F36.

25. Spelke, E., 2022. *What babies know: Core knowledge and composition volume 1.* Oxford University Press.

26. McCloskey, M., 1983. Intuitive physics. *Scientific American, 248*(4), pp.122-131.

27. Foisy, L.M.B., Potvin, P., Riopel, M. and Masson, S., 2015. Is inhibition involved in overcoming a common physics misconception in mechanics?. *Trends in Neuroscience and Education, 4*(1-2), pp.26-36.

28. Reid, V.M., Dunn, K., Young, R.J., Amu, J., Donovan, T. and Reissland, N., 2017. The human fetus preferentially engages with face-like visual stimuli. *Current Biology, 27*(12), pp.1825-1828.

29. Morton, J. and Johnson, M.H., 1991. CONSPEC and CONLERN: a two-process theory of infant face recognition. *Psychological Review, 98*(2), pp.164.

30. Grill-Spector, K., Knouf, N. and Kanwisher, N., 2004. The fusiform face area subserves face perception, not generic within-category identification. *Nature Neuroscience, 7*(5), pp.555-562.

31. Clement, J., 1993. Using bridging analogies and anchoring intuitions to deal with students' preconceptions in physics. *Journal of Research in Science Teaching, 30*(10), pp.1241-1257.

32. Mastrogiuseppe, M., Bertelsen, N., Bedeschi, M.F. and Lee, S.A., 2019. The spatiotemporal organization of episodic memory and its disruption in a neurodevelopmental disorder. *Scientific Reports, 9*(1), pp.18447.

Lee, S.A., 2023. Navigational roots of spatial and temporal memory structure. *Animal Cognition, 26*(1), pp.87-95.

33. Hassabis, D., Kumaran, D., Vann, S.D. and Maguire, E.A., 2007. Patients with hippocampal amnesia cannot imagine new experiences. *Proceedings of the National Academy of Sciences, 104*(5), pp.1726-1731.

34. Hassabis, D., Kumaran, D. and Maguire, E.A., 2007. Using imagination to understand the neural basis of episodic memory. *Journal of Neuroscience, 27*(52), pp.14365-14374.

35. Fourcassié, V.J., Schatz, B. and Beugnon, G., 1999. Temporal information in social insects. *Information Processing in Social Insect*s. pp.261-275.

36. Droit-Volet, S., 2013. Time perception in children: A neurodevelopmental approach. *Neuropsychologia, 51*(2), pp.220-234.

37. Stevens, J.R., Hallinan, E.V. and Hauser, M.D., 2005. The ecology and evolution of patience in two New World monkeys. *Biology Letters, 1*(2), pp.223-226.

38. Wakefield, A.J., Murch, S.H., Anthony, A., Linnell, J., Casson, D.M., Malik, M., Berelowitz, M., Dhillon, A.P., Thomson, M.A., Harvey, P. and Valentine, A., 1998. RETRACTED: Ileal-lymphoid-nodular hyperplasia, non-specific colitis, and pervasive developmental disorder in children. *The Lancet, 351*(9103), pp.637-641.

39. LeMoult, J., Humphreys, K.L., Tracy, A., Hoffmeister, J.A., Ip, E. and Gotlib, I.H., 2020. Meta-analysis: exposure to early life stress and risk for depression in childhood and adolescence. *Journal of the American Academy of Child & Adolescent Psychiatry, 59*(7), pp.842-855.

40. Smith, K.E. and Pollak, S.D., 2020. Early life stress and development: potential mechanisms for adverse outcomes. *Journal of Neurodevelopmental Disorders, 12*, pp.1-15.

41. Weaver, I.C., Cervoni, N., Champagne, F.A., D'Alessio, A.C., Sharma, S., Seckl, J.R., Dymov, S., Szyf, M. and Meaney, M.J., 2004. Epigenetic programming by maternal behavior. *Nature Neuroscience, 7*(8), pp.847-854.

42. Wigley, I.L.C.M., Mascheroni, E., Bonichini, S. and Montirosso, R., 2022. Epigenetic protection: maternal touch and DNA-methylation in early life. *Current Opinion in Behavioral Sciences, 43*, pp.111-117.

43. 질병관리청. 2024. 《2023년 지역사회건강조사》, 질병관리청

44. Patel, V.R., Liu, M., Worsham, C.M. and Jena, A.B., 2024. Alzheimer's disease mortality among taxi and ambulance drivers: population based cross sectional study. *The BMJ, 387*.

45. Cheng, L., Zhang, Y., Li, G., Wang, J., Sherwood, C., Gong, G., Fan, L. and Jiang, T., 2021. Connectional asymmetry of the inferior parietal lobule shapes hemispheric specialization in humans, chimpanzees, and rhesus macaques. *Elife, 10*, pp.e67600.

46. Johnson-Frey, S.H., 2003. What's so special about human tool use?. *Neuron, 39*(2), pp.201-204.

뇌과학의 마음 사전

초판 1쇄 발행 | 2025년 6월 5일

지은이	이상아
책임편집	김정하
디자인	윤철호
펴낸곳	(주)바다출판사
주소	서울시 마포구 성지1길 30 3층
전화	02-322-3675(편집) 02-322-3575(마케팅)
팩스	02-322-3858
이메일	badabooks@daum.net
홈페이지	www.badabooks.co.kr
ISBN	979-11-6689-355-1 03400